U0350267

迎战珠江流域罕见水旱灾害纪实

——上册·防洪篇

水利部珠江水利委员会　编著

中国水利水电出版社
www.waterpub.com.cn
·北京·

内 容 提 要

本书全面复盘分析了珠江"22.6"特大洪水防御工作,从珠江洪水与防洪工程体系、珠江"22.6"特大洪水、防汛准备、防汛指挥部署、水情监测预报预警、流域统一调度、应急处置措施、技术支撑、新闻宣传、洪水防御成效、启示和思考等11个方面系统总结珠江"22.6"特大洪水的防御经验,为今后珠江洪水防御工作提供指导和借鉴,并向社会公众普及珠江洪水防御知识。

本书既可供从事防洪减灾、水工程调度等领域工作的管理和研究人员参考,也可供高等院校及水利相关专业人员参阅。

图书在版编目(CIP)数据

迎战珠江流域罕见水旱灾害纪实. 上册,防洪篇 /
水利部珠江水利委员会编著. -- 北京 : 中国水利水电出
版社,2022.9
ISBN 978-7-5226-0992-8

Ⅰ. ①迎… Ⅱ. ①水… Ⅲ. ①珠江-防洪工程-概况
Ⅳ. ①TV882.4

中国版本图书馆CIP数据核字(2022)第167857号

书　　名	**迎战珠江流域罕见水旱灾害纪实——上册　防洪篇** YINGZHAN ZHU JIANG LIUYU HANJIAN SHUIHAN ZAIHAI JISHI——SHANG CE　FANGHONG PIAN	
作　　者	水利部珠江水利委员会　编著	
出版发行	中国水利水电出版社 (北京市海淀区玉渊潭南路 1 号 D 座　100038) 网址:www.waterpub.com.cn E-mail:sales@mwr.gov.cn 电话:(010) 68545888 (营销中心)	
经　　售	北京科水图书销售有限公司 电话:(010) 68545874、63202643 全国各地新华书店和相关出版物销售网点	
排　　版	中国水利水电出版社微机排版中心	
印　　刷	北京天工印刷有限公司	
规　　格	184mm×260mm　16 开本　16 印张　313 千字	
版　　次	2022 年 9 月第 1 版　2022 年 9 月第 1 次印刷	
定　　价	**158.00 元**	

一、指挥部署

🔼 2022年6月19日，国家防总副总指挥、水利部部长李国英
在西江大藤峡水利枢纽指导防汛工作

🔼 2022年6月20日，国家防总副总指挥、水利部部长李国英
在北江飞来峡水利枢纽指导防汛工作

一、指挥部署

2022年6月20日，国家防总副总指挥、水利部部长李国英在珠江委指导防汛工作

2022年6月23日，广西壮族自治区党委书记刘宁在龙滩水电站指导防汛工作

🔺 2022年6月21日，珠江防总总指挥、广西壮族自治区主席蓝天立在桂林市指导防汛工作

🔺 2022年6月21日，广东省省长王伟中在北江大堤指导防汛工作

一、指挥部署

2022年6月21日，国家防总秘书长、应急管理部副部长兼水利部副部长周学文检查指导珠江流域防汛抗洪工作

中央纪委国家监委驻水利部纪检监察组组长王新哲在西江大藤峡水利枢纽检查防汛工作

▲ 2022年6月22日，水利部副部长刘伟平研究部署珠江防汛工作

▲ 2022年6月21日，广东省副省长孙志洋部署全省防汛工作

一、指挥部署

2022年6月20日，水利部水旱灾害防御司司长姚文广研究安排珠江洪水防御工作

2022年6月23日，珠江防总常务副总指挥、珠江委主任王宝恩在北江大堤指导防汛工作

2022年6月23日，广西壮族自治区水利厅厅长杨焱在南宁市宾阳县云头水库指导防汛工作

2022年6月22日，广东省水利厅厅长王立新在省水利厅防汛值班室查看汛情

二、防汛会商

水利部水旱灾害防御司司长姚文广主持珠江流域防汛会商

▲ 2022年6月20日，珠江防总常务副总指挥、
珠江委主任王宝恩主持防汛会商

广西壮族自治区水利厅厅长杨焱主持全区水利系统防汛会商

▲ 广东省水利厅厅长王立新主持全省水利系统防汛会商

三、工程调度

⌃ 2022年6月17日，西江大藤峡水利枢纽预泄腾库

⌃ 2022年6月23日，北江飞来峡水利枢纽泄洪

▲ 2022年6月22日，芦苞水闸开闸分洪

▲ 2022年6月22日，潖江蓄滞洪区启用滞洪

▲ 2022年6月3日，百色水利枢纽预泄腾库

四、督促指导

　　按照水利部的部署要求，在防汛抗洪关键时刻，珠江防总、珠江委闻汛即动，按照"洪水不退、队伍不撤"的要求，先后派出30多个工作组、专家组、暗访组、督查组赴流域有关各地协助指导洪水防御工作，解决防汛抢险救灾难题，强化巡查督导，确保责任落实，为防御流域特大洪水筑牢坚实屏障。

⌃ 2022年6月22日，珠江委紧急增派工作组、专家组出征动员

⌃ 水利部水旱灾害防御司二级巡视员
张康波在防汛一线指导工作

⌃ 珠江委副主任苏训在防汛一线指导工作

🔼 珠江防总秘书长、珠江委副主任胥加仕
在防汛一线指导工作

🔼 珠江委副主任李春贤在防汛一线指导工作

🔼 珠江委副主任易越涛在防汛一线指导工作

🔼 珠江委纪检组组长杨丽萍在防汛
一线督查防汛责任落实情况

四、督促指导

水利部、珠江委及广西、广东水利厅工作组在防汛抗洪一线。

▲ 水利部广东工作组在现场检查指导防汛工作

▲ 珠江委广东工作组现场检查指导防汛工作

▲ 珠江委韩江工作组在广东汕头北港水闸指导防汛工作

△ 珠江委工作组指导湛江蓄滞洪区下岳围险情抢护

△ 广东省水利厅工作组在现场指导防汛工作

△ 珠江委广西工作组在贺州市指导防汛工作

△ 广西壮族自治区水利厅工作组检查桂林市
平乐县虎豹电站安全度汛工作

五、抢险救灾

面对来势汹汹的洪水，广东、广西有关各地全力投入防汛抗洪抢险，确保人民群众生命财产安全。

🔺 广东省紧急调用抢险物资支援清远市

🔺 广东省苍村水库溢洪道紧急抢险

🔺 广东省清远市清城区水利局驻点干部仔细排查隐患

🔺 广东省清远市清城区飞来峡镇防汛干部协助群众转移

🔺 广东省水利机动抢险队在英德市刘屋村进行排涝抢险

▲ 广西柳州市城中区抗洪救援现场

▲ 广东省清远市清城区水利局驻点干部和
石角镇党员先锋队紧急进行涵管口封堵

▲ 广东省东莞市水务局支援韶关市防汛救灾工作

▲ 广西融安县雅瑶乡大琴村村委协助桐木屯山洪危险区人员转移

六、技术支撑

珠江委专业技术人员昼夜坚守，通宵达旦演算洪水防御技术方案，为流域洪水防御和防洪调度提供了坚实的技术支撑。

▲ 珠江委防汛团队坚守值班岗位

▲ 珠江委水文局水情预报中心加密预测预报

▲ 珠江委珠科院运用"四预"平台多尺度模拟预演

▲ 珠江委珠江设计公司调度中心实时优化调度方案

▲ 珠江委水文局勘测中心开展水文应急监测

七、洪水灾情

△ 西江干流梧州河段

△ 北江干流韶关河段

△ 广东省清远市佛冈县江口镇受淹

△ 广东省英德市大站镇受淹

△ 广西壮族自治区桂林市阳朔县受淹

迎战珠江流域罕见水旱灾害纪实

—— 上册 防洪篇

日夜坚守的珠江委洪水防御团队集体合影

柳志会　杜勇　姚章民　卢康明　陈学秋
付宇鹏　田丹　张文明　苏明珍　张熊
蓝羽栖　王翌莹　丁镇　曾志光　王保华
韦露斯　朱莹　吴昱驹　赵小玉　黄小龙
李媛媛　侯贵兵　黄锋　王玉虎　廖小永
薛娇　吴乐平　李争和　陈雨飞　刘传熙
月永昌　李文华　叶文芳　孙飞　钟健涛
林桂祥　尹开霞　林焕新　刘飞　卢健涛
朱炬明　王小刚　张伟　刘庚元　胡晓张
李文雄　蒋正德　李勇　姜欣彤　周小清
林若兰　高唯珊　胡良和　苏波　陈小高
范光伟　马志鹏　宋利祥　杨跃　杨高峰
王行汉　张印雪　胡豫英　王高丹　陈嘉雷
冼卓雁　周晓鹏　常衍　张雪豪　安嘉雪
王强　张雪　王汉岗　李东　黄林烽
李旭东　刘夏　查大伟　田茂春　郑宁
张水平　陈冰冰　隆德重　周世武　李燕珊
覃俊凯　靳亚男　黄林峰　王康　谢天晴
肖尧轩　郑斌　吴建兴　李泽华　赵光辉
牟舵　余加贝　高晨晨　曹鑫　谢燕平
廖丹榆　华荣孙　陶小军　吴海金　吴晓晖
黄光胆　陈杨　武海峰　李树颖
周凌芸　向渭旭　任晓斌　李波
倪培桐　罗林熙

序 一

近年来，随着全球气候变化影响，我国极端天气事件呈多发频发态势，极端性、突发性、破坏性水旱灾害威胁加剧，流域性大洪水、特大洪水时有发生。2020年，长江流域平均降雨近60年同期最多，连续40天发布暴雨预警，多地日雨量突破历史极值。2021年，河南郑州"7.20"特大暴雨灾害，导致城市发生严重洪涝灾害，黄河中下游发生历史罕见秋汛，海河南系漳卫河发生有实测资料以来最大秋季洪水，台风"烟花"期间黄浦江上游出现超历史高潮位，给流域和区域防洪带来严峻挑战。2022年，珠江"22.6"暴雨洪水强度大、频次高、历时长，西江发生第4号洪水、北江发生第2号洪水并发展成超百年一遇特大洪水，西江、北江先后发生7次编号洪水，成为史上罕见的洪水"车轮战"。

珠江是我国径流量第二大河流，珠江河口是世界上水动力条件最复杂的河口之一，珠江三角洲是流域内最发达的地区，在全国七大江河中下游受洪水威胁的地区中，单位土地面积的人口和农业产值均居首位。随着粤港澳大湾区、珠江—西江经济带、北部湾经济区、泛珠三角区域合作等国家和区域战略的实施以及"21世纪海上丝绸之路"建设，珠江流域经济社会将迎来新一轮高质量发展，全面贯彻落实"三新一高"要求，保障流域防洪安全，事关国家发展和安全，事关社会主义现代化建设大局，事关人民生命财产安全。

治国有常民为本，一枝一叶总关情。在这次洪水防御工作中，各部门各单位高擎"人民至上、生命至上"的旗帜，切实把确保人民生命安全放在第一位，深入践行"两个坚持、三个转变"防灾减灾救灾理念，立足防大汛、抗大旱、抢大险、救大灾，树牢底线思维、极限思维，以周密的部署、有力的举措，确保了珠江安澜、社会安定、人民安宁。通过防御本次洪水，我们看到水利部、流域内各省（自治区）党委和政府防洪工程体系建设成效显著，国家防总、水利部，珠江防总、珠江委从最不利的情况出发，做好最充分准备，超前谋划、提前部署，强化"四预"措施，科学精细调度流域干支流水工程，打赢了历史性特大洪水保卫战。

从流域整体着眼，把握洪水发生和演进规律，科学规划、合理布局、有序推进河道及堤防、水库、分蓄洪区建设。珠江流域按照"堤库结合，以泄为主，泄蓄兼施"的方针，兴建堤防、防洪水库、挡潮闸等一批防洪（潮）工程，北江飞来峡、西江龙滩一期建成全部投产，西江大藤峡正在建设、已发挥初步效益，柳江落久水利枢纽已下闸蓄水，流域基本形成了以堤防工程为基础，水库调控以及潖江蓄滞洪区和分洪水道共同发挥作用的防洪工程体系，较为完备的防洪工程成为防御本次洪水的制胜法宝，避免了本次洪水带来的毁灭性灾害，保障了国民经济稳定、持续地发展。

"防、预、实"运筹帷幄，下好防汛抗洪"先手棋"。坚持"防"住为王、"预"字当先、"实"字托底，国家防总、水利部深入一线、指挥前移，督促各地做好充分准备，珠江防总、珠江委充分发挥组织、指导、协调、监督职能，加强全流域统筹和协调联动，地方各级党委、政府认真执行党政同责、一岗双责，切实扛起主体责任和属地责任，确保了责任落实到岗到人、各项措施落地落实。珠江委强化"四预"措施，把预报、预警、预演、预案作为本次防御洪水的关键抓手逐一落实。预报上，加强流域雨、水情滚动预报次数，紧盯降雨预报，滚动开展洪水精细化预报；预警上，先后发布预警短信2万余条，提前转移安置潖江蓄滞洪区等危险区域人员15.5万人，无一人伤亡；预演上，逐流域、逐区域、逐河段分析防汛形势，预演不同调度方案下，河道水位未来变化过程，精准分析西江、北江洪水总量、洪峰量级、洪水过程，多尺度多方案动态预演；预案上，根据预演的成果，结合流域防御目标和防御重点，科学精准指导，落实落细洪水防御对策。

"精、细、准"科学调度，掌握联调联控"主动权"。坚持流域防洪"一盘棋"思想，以流域为单元，统筹蓄、泄、分、滞各项措施，针对"降雨—产流—汇流—演进、总量—洪峰—过程—调度、流域—干流—支流—断面、技术—料物—队伍—组织"四个链条，精准管控洪水防御的全过程、各环节，实现了协同作战、集团作战，下达 22 道调度令，拦蓄洪水 38 亿立方米，做到了联调联控、共同发力。指导实施蓄洪、滞洪、分洪运用，有效拦蓄洪水近 10 亿立方米，实现洪水"分得进、蓄得住、退得出"，成功将洪水量级全线压减至西江、北江干流和珠江三角洲主要堤防防洪标准以内，由经验调度向智能调度转变，变被动防御为主动防控。

　　保江河安澜，护人民平安。察云知雨，把脉江河，与洪水博弈，与风雨为伍，珠江防总和广东广西两省（自治区）水利战线交出了一份跨越时代、闪耀抗洪精神的珠江答卷。

（中国工程院院士　王浩）

2022 年 9 月

序 二

　　联合国世界气象组织表示，在过去的 50 年（1970—2019 年）里，共报告了 11000 多次与天气、气候和水有关的灾害，造成 200 多万人死亡和 3.64 万亿美元的经济损失。特别是近些年来，在气候变化和高强度人类活动影响下，水循环要素的时空分布特征发生改变，极端水文事件不断发生。从流域上来看，洪水量级大、覆盖范围广：1994 年，珠江流域西江及其主要支流发生大洪水；1998 年，长江、松花江发生流域性大洪水，珠江流域的西江发生中华人民共和国成立以来最大洪水；2020 年，长江、淮河、松花江、太湖同时出现流域性洪水；2021 年黄河中下游地区发生历史罕见秋汛洪水，潼关水文站发生 1979 年以来最大洪水。从城市洪涝来看，特大暴雨多发、频发：2007 年 7 月 18 日济南特大暴雨导致 34 人遇难、2012 年 7 月 21 日北京特大暴雨导致 79 人死亡、2019 年深圳短历时强暴雨导致 11 人遇难、2021 年 7 月 20—26 日郑州特大暴雨因灾死亡 380 人。这些暴雨洪涝不仅造成了巨大的经济损失和人员伤亡，还产生了严重的社会影响。洪涝灾害事关人民群众生命财产安全和经济社会发展安全，必须引起重视。

　　珠江流域水系发达，上中游地区多山丘，洪水汇流速度快，加之缺少湖泊调蓄，中下游及三角洲洪水具有峰高、量大、历时长的特点。2022 年 5 月下旬至 7 月上旬，珠江流域面平均降雨量较多年同期偏多近 4 成，为 1961 年以来同期最多。受其影响，珠江流域西江、北江接连发生 7 次编号洪水，编号洪水次数为中华人民共和国成立以来最多。西江来水较多年同期偏多近 8 成，先后发生了 4 次编号洪水；北江来水较多年同期偏多近 1.4 倍，连续发生 3 次编号洪水，其中北江第 2 号洪水发展成超百年一遇特大洪水，北江控制性枢纽工程飞来峡水库出现建库以来的最大入库流量，北江干流控制性水文站石角站出现历史最大实测流量。洪水来势汹汹，给流域的防洪体系、防御能力带来了严峻的考验。

本书详细记录了珠江"22.6"特大洪水防御工作实况。从此次珠江流域的洪水防御中，我们看到了我国防灾减灾能力的日趋提升，看到了水利人的科学严谨和忠诚担当。在洪水防御的过程中，有国家防总总指挥、国务委员王勇亲临珠江流域指导，有国家防总副总指挥、水利部部长李国英一周内两次深入珠江流域防汛一线现场指挥调度，有珠江防总、珠江委11次启动或提升防汛应急响应，有珠江防总、珠江委会同广西壮族自治区、广东省及气象部门、电力部门、航道管理部门等跨地区、跨行业的协同作战。在这次防御工作中，我们还看到了有63次洪水预警、1.1万条洪水作业预报、10.7万余条预警信息的发布，有基于预报、预警、预演、预案得到的调度方案以及1212座次大中型水库的科学调度，有17个防汛工作组在风雨中逆行和日夜兼程，有水利部、珠江委以及广西壮族自治区和广东省水利人的日夜坚守与连续奋战……

珠江"22.6"特大洪水防御工作是各单位各部门深入贯彻落实习近平总书记"两个坚持、三个转变"防灾减灾救灾理念和"防大汛、抗大洪、抢大险、救大灾"重要指示的生动实践，是"人民至上、生命至上"的集中体现。本书全面总结了2022年特大洪水防御工作在体制、机制、措施等方面的宝贵经验，同时也提出了有待进一步深入总结和研究的问题与方向，对今后珠江流域的水旱灾害防御以及水利科学技术的进步发展具有深刻的指导意义，对其他流域或地区也具有重要的参考借鉴价值。

（中国工程院院士　张建云）

2022 年 9 月

前　言

　　1915 年 7 月，珠江流域发生超百年一遇的特大洪水，造成流域600 万人受灾，水淹广州 7 天 7 夜，死伤 10 万余人，洪涝灾害损失惨重，给流域经济社会造成重大影响。百年后的 2022 年 6 月，珠江流域再次遭遇接近 1915 年量级的特大洪水。但历史悲剧没有重演，珠江流域成功防住了"22.6"特大洪水，江河安然无恙，人民安居乐业。洪水过后，我们能够取得成功的密码是什么，值得深思！

　　战胜珠江"22.6"特大洪水，最根本在于党中央、国务院坚强领导。党中央、国务院始终高度重视防汛救灾工作，特别是党的十八大以来，习近平总书记提出"两个坚持、三个转变"防灾减灾救灾理念，并多次就防汛救灾工作作出重要指示，为做好珠江洪水防御工作指明了方向、提供了根本遵循。按照党中央、国务院的决策部署，经过多年的建设，全面建立了适应新时代发展要求的防汛抗旱体制机制，珠江流域已基本形成了"堤库结合、以泄为主、泄蓄兼施"的防洪减灾工程体系，为战胜珠江"22.6"特大洪水奠定了坚实基础。

　　战胜珠江"22.6"特大洪水，依赖于国家防总、水利部科学部署。在珠江防汛抗洪关键时刻，国家防总总指挥、国务委员王勇亲临珠江流域指导防汛工作，要求流域防总和有关地区要加强统筹协调配合，科学精准调度水利工程，综合运用拦分蓄滞排等措施，千方百计确保流域安全度汛；国家防总副总指挥、水利部部长李国英两次深入珠江流域防汛一线，现场指导西江、北江防洪控制性工程调度运用，果断提出要做好滃江蓄滞洪区运用准备，要求锚定"人员不伤亡、水库不垮坝、北江西江干堤不决口、珠江三角洲城市群不受淹"的珠江防汛"四不"目标，亲自制定"降雨—产流—汇流—演进、总量—洪峰—过程—调度、流域—干流—支流—断面、技术—料物—队伍—组织"四个链条的防御思路，全过程指导珠江洪水防御工作。

战胜珠江"22.6"特大洪水，依赖于地方党委、政府全力应对。广东、广西等省（自治区）党委、政府认真落实防汛主体责任，以空前的力度和重视，组织动员各级各部门投入防汛救灾工作。广东省委书记李希、省长王伟中，广西壮族自治区党委书记刘宁、自治区主席蓝天立等地方党政主要领导靠前指挥、掌控全局，关键问题果断决策，科学指挥部署防汛救灾工作。有关地方和相关部门细化落实督促检查、技术指导、巡查防守、应急抢险各项措施，预置抢险力量、料物、设备和专家力度，确保险情抢早、抢小、抢住，分秒必争、高效有序转移危险区人员，确保了潖江蓄滞洪区及时启用发挥关键性滞洪削峰作用，保障了人民群众生命安全。

战胜珠江"22.6"特大洪水，依赖于流域防洪统一调度。珠江防总、珠江委首次启动防汛Ⅰ级应急响应，首次系统调度西江干支流"五大兵团"24座水库群，首次全面运用北江防洪工程体系，首次启用潖江蓄滞洪区分洪，有效避免了西江、北江洪水恶劣遭遇，成功将洪水量级压减至西江、北江干流和珠江三角洲主要堤防防洪标准以内，确保了西江、北江沿江和珠江三角洲城市群安全。同时，珠江委集全委之力，按照"洪水不过、队伍不撤"要求，及时派出工作组、专家组赶赴防汛一线，指导地方开展防洪调度、险情处置，全力为地方提供技术支撑。

战胜珠江"22.6"特大洪水，依赖于流域各方协同作战。面对不断变化的天气形势，珠江流域气象中心等气象部门密切监视天气形势，加强与水文部门联合会商研判，为流域防洪调度指挥决策提供有力支撑；南方电网、广西电网、交通运输部珠江航务管理局等部门和水库管理单位顾全大局，积极配合流域防洪统一调度，确保了调度取得实效；有关各地广大党员干部栉风沐雨、日夜奋战，坚守防汛抗洪一线；广大人民群众舍小家、为大家，积极配合防汛救灾统一行动。同时，新闻宣传部门加强与防汛部门协调联动，通过电视、报刊、网站、新媒体等多个渠道，及时发布防汛工作动态及预警信息，多角度、全方位报道洪水防御成效，以抗洪抢险的感人事例为打赢防汛抗洪攻坚战凝聚起强大的精神力量。

在水利部的直接领导下，在珠江防总、珠江委和流域各方的共同努力下，珠江"22.6"特大洪水防御工作取得了全面胜利，珠江流域防住了！迎战珠江"22.6"特大洪水既是践行以人民为中心发展思想的生动诠释，也是流域高质量发展水安全保障的成功实践。在此，特向所有为迎战珠江"22.6"特大洪水默默奉献和辛勤付出的单位及个人表示崇高的敬意和衷心的感谢！

战胜特大洪水的背后，凝聚了无数人们的心血和付出，是值得铭记的不平凡经历，是应对未来自然灾害的宝贵经验。在迎战珠江"22.6"特大洪水取得全面胜利之际，为全面复盘总结"22.6"特大洪水防御全过程，在水利部办公厅、防御司等有关司局的悉心指导下，在广西、广东、福建等省（自治区）水利厅的大力支持下，珠江委组织撰写出版本书，在此表示诚挚的感谢。本书从珠江洪水特点与防洪工程体系、珠江"22.6"特大洪水、防汛准备、防汛指挥部署、水情监测预报预警、流域统一调度、应急处置措施、技术支撑、新闻宣传、洪水防御成效、启示与思考等11个方面系统梳理了珠江"22.6"特大洪水防御工作，生动反映了珠江水利人的抗洪精神和工作面貌，深入系统总结了珠江特大洪水防御的工作方法和成功经验，既具有深厚的理论性，也具有可操作的实践性，可为防汛救灾工作提供借鉴和参考。

编者

2022 年 9 月

目　录

序一

序二

前言

第一章　珠江洪水特点与防洪工程体系 ·· 1

　第一节　流域概况 ··· 2

　第二节　洪水基本特点 ·· 4

　第三节　防洪工程体系 ·· 10

第二章　珠江"22.6"特大洪水 ··· 13

　第一节　降雨特点及成因分析 ·· 14

　第二节　洪水特点及组成分析 ·· 20

　第三节　洪水比较 ··· 37

第三章　立足防大汛　扎实做足准备 ··· 51

　第一节　全面部署迎汛备汛工作 ·· 52

　第二节　深入开展汛前检查和隐患排查 ·· 55

　第三节　修订完善方案预案及应急响应机制 ······································ 60

　第四节　开展防洪调度演练 ·· 62

　第五节　强化流域防洪统一调度管理 ·· 63

　第六节　提早投入汛期工作状态 ·· 64

第四章　科学指挥部署　迎战珠江"22.6"特大洪水 ···················· 67

　第一节　洪水发展期应对部署 ·· 68

　第二节　洪水关键期应对部署 ·· 72

　第三节　洪水退水期应对部署 ·· 86

第五章　坚持"预"字当先　强化水情监测预报预警 ···················· 91

　第一节　水文监测 ··· 92

　第二节　预报预警 ··· 101

第六章　流域统一调度　发挥防洪工程体系关键作用 …………………… 109

第一节　珠江"22.6"特大洪水调度思路 ……………………………… 110

第二节　调度过程 …………………………………………………… 112

第七章　有效应急处置　确保人民群众生命安全 ……………………… 141

第一节　珠江防总、珠江委洪水防御应急处置工作 ………………… 142

第二节　地方洪水防御应急处置工作 ……………………………… 149

第八章　发挥科技优势　支撑洪水防御高效决策 ……………………… 159

第一节　水文测报 …………………………………………………… 160

第二节　洪水预报手段及气象预报应用 …………………………… 162

第三节　珠江"四预"平台建设应用 ……………………………… 164

第四节　洪水防御方案预案体系保障 ……………………………… 170

第五节　流域洪水风险图应用 ……………………………………… 171

第六节　空天地监测技术应用 ……………………………………… 177

第七节　通信网络及视频会议保障 ………………………………… 180

第九章　加强宣传引导　凝聚防汛抗洪强大精神力量 ………………… 183

第一节　高位部署防汛宣传工作 …………………………………… 184

第二节　主动发声回应社会关切 …………………………………… 185

第三节　统筹协调增强报道深度 …………………………………… 187

第四节　多方联动传递防汛强音 …………………………………… 190

第五节　创新方式深化融合传播 …………………………………… 193

第十章　共护珠江安澜　珠江"22.6"特大洪水防御取得全面胜利 …… 199

第一节　防洪调度减灾成效 ………………………………………… 200

第二节　洪水资源综合利用 ………………………………………… 203

第三节　社会反响 …………………………………………………… 204

第十一章　启示和思考 …………………………………………………… 207

第一节　经验启示 …………………………………………………… 208

第二节　工作思考 …………………………………………………… 213

第一章

珠江洪水特点与防洪工程体系

　　洪水灾害是珠江流域危害最大的自然灾害，受洪水威胁最严重的地区主要分布在中下游河谷平原和三角洲。流域性洪灾多由大面积暴雨形成，干支流洪水恶劣遭遇，洪水峰高、量大、历时长，常常给人口稠密、城镇集中、经济发达的中下游平原地区，尤其是粤港澳大湾区带来严重威胁。根据流域洪水灾害特点，水利部珠江水利委员会提出了"堤库结合，以泄为主，泄蓄兼施"的防洪方针，经过多年建设，流域"上蓄、中防、下泄"的防洪工程体系不断完善，抵御洪水灾害的能力不断提高，沿江人民的安全感不断提升。

第一节　流域概况

　　珠江流域（片），简称珠江片，包括珠江流域、韩江流域、澜沧江以东国际河流（不含澜沧江）、粤桂沿海诸河和海南省区域。涉及云南、贵州、广西、广东、江西、湖南、福建、海南8省（自治区）及香港、澳门特别行政区，总面积65.43万 km^2（我国境内面积）。

　　珠江流域，由西江、北江、东江和珠江三角洲诸河组成，涉及云南、贵州、广西、广东、江西、湖南6省（自治区）及香港、澳门特别行政区以及越南东北部，总面积45.37万 km^2，其中我国境内面积44.21万 km^2。韩江流域，由梅江水系、汀江水系、韩江干流和三角洲水系组成，涉及广东、福建、江西3省，总面积3.01万 km^2。

一、自然地理

（一）河流水系

　　珠江流域是我国七大江河之一，由西江、北江、东江及珠江三角洲诸河组成。西江、北江、东江汇入珠江三角洲后，经虎门、蕉门、洪奇门、横门、磨刀门、鸡啼门、虎跳门和崖门八大口门注入南海，形成"三江汇流、八口出海"的水系特点。西江是珠江流域的主流，发源于云南省曲靖市乌蒙山余脉的马雄山东麓，自西向东流经云南、贵州、广西和广东4省（自治区），分别称为南盘江、红水河、黔江、浔江、西江，至广东佛山三水的思贤滘西滘口汇入珠江三角洲网河区，全长2075km，集水面积35.31万 km^2；北江是珠江流域第二大水系，发源于江西省信丰县石碣大茅坑，流经湖南、江西和广东3省，至广东佛山三水的思贤滘北滘口汇入珠江三角洲网河区，干流全长468km，集水面积4.67万 km^2；东江是珠江流域的第三大水系，发源于江西省寻乌县的桠髻钵，由北向南流入广东，至广东东莞的石龙汇入珠江三角洲网河区，干流全长520km，集水面积2.70万 km^2；珠江三角洲水系包括西江、北江思贤滘以下和东江石龙以下河网水系及入注三角洲的潭江、高明河、沙坪河、流溪河等中小河流，香港的九龙及澳门也在其地理范围内，总面积2.68万 km^2。

　　珠江流域支流众多，流域面积1万 km^2 以上的支流共8条，其中一级支流6条，分别为西江的北盘江、柳江、郁江、桂江、贺江，以及北江的连江。流域面积 1000km^2 以上的各级支流共 120 条，流域面积 100km^2 以上的各级支流共 1077 条。

韩江流域位于粤东、闽西南及赣南，流域面积 3.01 万 km^2。其中梅江水系 1.39 万 km^2，汀江水系 1.18 万 km^2，韩江干流和三角洲水系 0.44 万 km^2。

（二）地形地貌

珠江流域北靠南岭，南临南中国海，西部为云贵高原，中部和东部为低山丘陵盆地，东南部为三角洲冲积平原，地势西北高、东南低。按地形地貌，可将流域划分为山地、丘陵、平原三种地貌类型。流域的山地面积约占整个流域面积的 60%，以海拔 1000.00～1500.00m 的中山为主，山脉以褶皱山脉为主。在众多山脉中，以南岭山脉规模最大，东起武夷山南端，西至八十里南山，构成长江、珠江两大水系分水岭的东段。丘陵主要分布在流域的东南部，占流域总面积的 20% 以上。具有代表性的丘陵类型有郁江丘陵区、右江丘陵区、丹霞丘陵和花岗岩丘陵。平原面积约占流域总面积的 5.6%，其中既有海拔较高的中上游山间盆地小平原，中下游河谷平原，又有下游三角洲平原。珠江三角洲是长江以南沿海地区最大的平原，约占流域内平原面积的 80%。由西北向东南或由北向南倾斜的地形，对流域的暴雨形成及分布有着重要影响，并直接影响流域的洪水特性。

韩江流域山脉的构造线走向以东北—西南为主，次为西北—东南走向，流域地势是自西北和东北向东南倾斜，海拔 20.00～1500.00m 不等。流域以多山地丘陵为其特点，山地占总流域面积的 70%，多分布在流域北部和中部，海拔一般在 500.00m 以上；丘陵占总流域面积的 25%，多分布在梅江流域和其他干支流谷地，海拔一般在 200.00m 以下；平原占总流域面积的 5%，主要在韩江下游及三角洲，海拔一般在 20.00m 以下。

二、气象水文

珠江流域地处我国南部，南临南中国海，西隔西南半岛与孟加拉湾相望，受东南季风和西南季风影响，总体上属亚热带气候。总的气候特点可概括为：冬无严寒、夏无酷暑、春夏多雨、秋冬干旱，夏、秋常受热带气旋侵袭，是我国大陆季风气候和海洋性气候最为明显的地区。珠江流域内太阳辐射较强烈，气候温和，多年平均气温 14～22℃，年际变化不大；多年平均相对湿度在 70%～80% 之间，春季的潮湿天气有时可达 100%；多年平均降水量 1200～2000mm，有自东向西递减的趋势，沿海多于内地，山地多于平原，迎风面多于背风坡及河谷、盆地；多年平均水面蒸发量 900～1400mm，一般是北部低、东南部高；多年平均日照时数 1000～2300 小时，一般下半年多于上半年；受东南季风和西南季风影响，流域冬季盛行偏北风，夏季多为偏南风，春秋转季风向极不稳定，多数地方全年静风机会最多，年平均风速一般冬季较大，夏季较小，受热带气旋直接影响的三角洲及沿海地区，有超过 30m/s 的风速。珠江流域气候及水文水资源特性具有明的季节变化特性及规律，受季风影响，径流年内分配不均，汛期多暴雨，水量集中而洪涝灾害频繁；后汛期受热带气旋入侵，广西、广东沿海易形成台风暴雨，给当地造成严重的洪涝灾害。珠江流域暴雨强度大、次数多、历时长，主要出现在4—10月，一次流域性暴雨过程一般历时7天左右，主要雨量集中在3天。流域洪水由暴雨形成，洪水出现的时间与暴雨一致，多发生在4—10月，流域性大洪水主要集中在5—7月；洪水过程一般历时10~60天，洪峰历时一般1~3天。

韩江流域属亚热带气候，受东南季风影响明显，年平均气温较高，雨量充沛，日照充足，无霜期长。流域春夏季多吹东南风，秋冬季多吹西北风。四季主要特点为春季阴雨天气较多；夏季高温湿热水汽含量大，常有大雨、暴雨；秋季常有热雷雨、台风雨；冬季寒冷，雨量稀少、霜冻期短。多年平均降水量1450~2100mm，但年内分配极不均匀，4—9月雨量占全年雨量的80%左右。

三、经济社会概况

珠江流域涉及云南、贵州、广西、广东、湖南和江西6省（自治区）46个地（州）市、215个县及香港、澳门特别行政区。2020年总人口1.92亿人（未计香港、澳门地区，下同）。2020年，流域内地区生产总值（GDP）达14.17万亿元（当年价，下同），占全国总GDP的14%。珠江流域布局了粤港澳大湾区、珠江—西江经济带、北部湾经济区、泛珠三角区域合作等国家和区域战略，社会经济快速发展，沿海地区和珠江三角洲地区的发展尤为迅猛。其中，粤港澳大湾区是习近平总书记亲自谋划、亲自部署、亲自推动的国家战略，是我国开放程度最高、经济活力最强的区域之一，在国家发展大局中具有重要的战略地位。2021年粤港澳大湾区常住人口约8631万人，经济总量达12.6万亿元，粤港澳大湾区建设取得阶段性显著成效，正向着国际一流湾区和世界级城市群坚实迈进。

韩江流域涉及广东、福建、江西3省的8个地级市24个县，中上游地区人口密度较疏，下游及三角洲人口稠密，以汕头市密度为最大。2019年，韩江流域总人口1065.77万人，地区生产总值（GDP）5283.71亿元。

第二节 洪水基本特点

一、流域暴雨洪水特点

（一）暴雨特性

珠江流域地处我国南部低纬度地带，多属亚热带季风区气候，水汽丰沛，暴雨频繁。流域洪水多由暴雨形成，出现时间与暴雨一致，多集中在4—10月，约占全年降水量的 80%。根据形成暴雨洪水天气系统的差异，可将洪水期分为前汛期（4—6月）和后汛期（7—10月）。前汛期以锋面低压槽暴雨为主，一般具有历时长、强度大、范围广的特点；后汛期多为台风雨，一般降雨较为集中且强度大，但影响范围和持续时间相对较短。珠江流域整个汛期均可能发生稀遇暴雨，但前汛期发生量级高的暴雨概率大于后汛期，一次流域性的暴雨过程一般历时 7 天左右，而雨量主要集中在 3 天，3 天雨量占 7 天雨量的 80%～85%，暴雨中心地区可达 90%。珠江流域地势西北高东南低，有利于海洋气流向流域内地流动，但流域内的山脉阻隔又使深入内地的水汽含量减少，多年平均降水量的地区分布明显呈由南向北和由东向西逐渐减少的趋势。较稳定的暴雨中心主要在柳江、桂江上游融安—桂林一带，桂江中下游昭平—浔江桂平一带，红水河都安—迁江一带，北江中、下游英德—清远一带，东江中下游河源—龙门一带。暴雨强度的地区分布一般是沿海大、内陆小，东部大、西部小。由于特定的自然环境和地形条件，珠江流域暴雨的强度、历时皆居于全国各大流域的前列。绝大部分地区的 24 小时暴雨极值都在 200mm 以上，暴雨高值区最大 24 小时雨量可达 600mm 以上，最大 3 天降雨量可超过 1000mm。如柳江"96.7"大暴雨，其中心最大 24 小时降雨量达 779mm（再老站），最大 3 天降雨量达 1336mm。

韩江流域地处亚热带东南季风区，受东南季风影响，温高湿热，暴雨频繁。暴雨主要发生在 4—9 月。其中 4—6 月的暴雨天气系统，地面形势多为锋面夹低槽，850hPa 上空为西南低空急流，500hPa 上空有南支槽、切变线配合；7—9 月多为台风暴雨。流域的暴雨中心在磜头、犀狗寮、凤凰一带，实测最大 24 小时暴雨量为 756mm（东溪口站，1979 年 6 月 10 日）。

（二）洪水特性

1. 珠江流域洪水特性

珠江流域前汛期暴雨多为锋面暴雨，由于流域水系发达，中上游地区多山丘，支流大都成扇形分布，洪水汇流速度快且易于同时汇集到干流，加之缺少湖泊调蓄，导致中下游及珠江三角洲出现峰高、量大、历时长的洪水；后汛期暴雨多由台风造成，洪水相对集中，来势迅猛，峰高而量相对较小，因此流域性洪水及洪水灾害一般发生在前汛期。

西江洪水多发生在 5—10 月，由于流域面积较广，暴雨和洪水发生时间存在明显差异，干、支流洪水的发生时间有从东北向西南逐步推迟的趋势，较大洪水发生的时间一般是：桂江洪水开始较早，多发生在 4—7 月；柳江是西江暴雨中心，洪水主要集中在 5—8月，由于流域呈扇状，集流迅猛，洪水具有暴涨暴落特性；红水河洪水多发生在 6—9 月，汇流速度缓慢，峰形较平缓；南盘江洪水一般开始于 5 月中下旬，较大洪水 80% 集中在 7月下旬至 9 月上旬；北盘江洪水一般开始于 5 月下旬，大洪水多出现在 6 月下旬至 7 月上旬；洪水来得较迟的是郁江，较大洪水主要集中在 6—10 月。根据干流武宣、梧州站实测洪水发生时间及量级变化情况，一般可将 7 月底至 8 月初作为分界点，年最大洪水多发生在前汛期，武宣、梧州站年最大洪水发生概率为 82.0%、77.5%，尤以 6 月、7 月洪水最盛，分别占前汛期洪水的 72.1%、69.0%；后汛期洪水一般发生在 8—10 月（个别年份 11 月也有洪水发生），尤以 8 月发生洪水最多，分别占武宣站和梧州站后汛期洪水的 75.4%、71.9%。西江洪水往往由几次连续暴雨形成，具有峰高、量大、历时长的特点，洪水过程大多呈多峰型或肥胖单峰型，据梧州水文站建站以来的实测资料统计，约 80% 以上的洪水为多峰型，20% 左右为双峰型。历时为 3～7 天的一次连续降雨所形成的洪水过程历时 15～20 天；较大洪水过程历时可达 30～40 天，其涨水历时约 5～10 天，退水历时 15～20 天。7 天洪量一般占整个洪水过程总量的 30%～50%，15 天洪量一般占 60% 以上，最大 30 天洪量占全年总水量的 20%～30%，最大可达 40% 左右。

西江洪水主要来源于黔江以上，梧州站年最大 30 天洪量平均组成情况为：干流武宣站占 64.2%，郁江贵港站占 21.5%，桂江京南站占 6.9%，武宣至梧州区间占 7.4%。形成西江较大洪水的干、支流洪水遭遇情况大致有三种：一是红水河洪水与柳江洪水遭遇；二是黔江洪水与郁江洪水，浔江洪水与桂江洪水遭遇；三是黔江一般洪水与郁江、桂江和武宣—梧州区间较大洪水遭遇。西江防洪控制断面梧州站历年实测最大洪峰流量为 53900m³/s（2005 年 6 月），调查历史洪水最大洪峰流量为 54500m³/s（1915 年 7 月）。近年来，西江水系的郁江、浔江、西江干流沿岸及三角洲的部分河段进行了较大规模的堤防建设，在一定程度上减小了河道两岸洪泛区原有槽蓄容积，迫使洪水通过河道在堤防范围内行洪，洪峰流量显著增大，洪水归槽现象明显。

北江洪水常常早于西江和东江，主要发生在 5—7 月，北江流域洪水主要由锋面暴雨造成，峰高而量较小，峰型尖瘦，历时相对较短，暴涨暴落，水位变幅较大，具有山区性河流的特点。洪水过程多为单峰和双峰，多峰型过程较少出现。一次连续降雨（3～5 天）所形成的洪水过程一般历时 7～20 天。北江洪水主要来自横石以上地区，下游防洪控制断面石角站年最大洪水的 15 天洪量中，横石站来水总量占 84%。由于流域面积不大，一次较大的降雨过程几乎可以笼罩整个流域，加之流域坡降较陡，横石以上的干、支流洪水常常遭遇。横石以下支流的发洪时间一般稍早于干流，较少与干流洪水遭遇。石角站历年实测最大洪峰流量为 18500m³/s（2022 年 6 月），调查历史最大洪峰流量为 22000m³/s（1915 年 7 月）。

东江洪水兼受锋面暴雨和台风暴雨影响，一般出现在 5—10 月，以 6—8 月最为集中，洪水涨落较快，峰形略似北江，一次洪水过程历时 10～20 天，多为单峰型，亦有双峰，越往上游复峰越多。东江洪水主要来自河源以上，由于面积较小，干、支流洪水发生遭遇的机会较多。1959 年支流新丰江上建成了新丰江水库，1973 年和 1985 年又先后在干流及支流西枝江建成枫树坝水库和白盆珠水库，三库共控制流域面积 1.17 万 km²，占下游防洪控制断面博罗站以上流域面积的 46.4%。经三库联合调洪，可将博罗站 100 年一遇的洪峰流量由 14400m³/s 降低为 11670～12070m³/s，

接近 30 年一遇洪峰流量 12200m³/s。博罗站历年实测最大洪峰流量为 12800m³/s
（1959 年 6 月），经还原后的最大天然洪峰流量为 14300m³/s（1966 年 6 月）。东江洪
水与西江、北江洪水相比，量级较小，年际变化较大。

珠江三角洲洪水受西江、北江影响较大，受东江洪水影响相对较小，特别是东
江新丰江、枫树坝、白盆珠三座大型水库建成后，珠江三角洲受东江洪水威胁大大
减弱。西江、北江洪水经思贤滘平衡调节后，进入西北江三角洲网河区，东江洪水经
石龙进入东江三角洲网河区，三江洪水在珠江三角洲网河区平衡调节后经八大口门
注入中国南海。据统计，东江与西江、北江洪水发生时间不一致，且东江三角洲与西
江、北江三角洲之间隔着狮子洋，东江三角洲与西北江三角洲洪水之间的相互影响
不大。西江、北江洪水在思贤滘常常遭遇，洪水量级越大，遭遇的机会越多。

2. 韩江流域洪水特性

韩江洪水主要发生在 4—9 月，大洪水一般发生在 6—9 月，洪水主要由梅江、汀江和
韩江干流（三河坝至湘子桥）三个区域的洪水组成，其中任何两个区域洪峰遭遇都会造成
中下游地区的大洪水，若三个区域洪峰遭遇则会造成特大洪水。根据历史经验，造成韩江
的大洪水主要以梅江和干流或汀江和梅江的洪峰遭遇为主。梅江横山站多年平均年最大洪
峰流量为 3690m³/s，实测最大洪峰流量 6810m³/s（1960 年 6 月），调查历史洪水最大洪峰
流量为 6900m³/s（1871 年 6 月）。汀江溪口站多年平均年最大洪峰流量为 3840m³/s，实测
最大洪峰流量为 8140m³/s（1973 年 6 月），调查历史洪水洪峰流量为 9880m³/s（1842 年）。
下游控制断面潮安站多年平均年最大洪峰流量为 7000m³/s，实测最大洪峰流量为
13300m³/s（1960 年 6 月 11 日），调查历史洪水最大洪峰流量为 17000m³/s（1911 年 9 月）。

二、流域历史大洪水

据史料考证，自明代到中华人民共和国成立前（1368—1949 年）的 582 年间，珠江流
域发生大或特大洪水的年份有 1464 年、1492 年、1535 年、1571 年、1586 年、1616 年、
1701 年、1704 年、1769 年、1773 年、1794 年、1833 年、1856 年、1864 年、1877 年、1885
年、1915 年、1947 年和 1949 年等，每场大洪水期间，受灾地区都达 10 个县（市）以上。

其中，1915 年 7 月洪水是珠江流域有史可考范围内影响面积最广、灾情最大的
一次洪水，灾害涉及云南、广西、广东、湖南、江西、福建等 6 省（自治区）100 个
市（县）。广西、广东灾情最为严重，两广地区受灾人口达 600 万人，受灾农田面积
达 94.7 万 hm²。珠江三角洲地区的堤围几乎全部溃决，灾民达 378 万人，受灾耕地
面积 43.2 万 hm²，死伤 10 余万人，广州被淹 7 天之久。

中华人民共和国成立以来，虽未出现 1915 年那样的特大洪水，但也发生了 1968
年、1994 年、1996 年、1998 年、2005 年等大洪水，均造成了严重的洪涝灾害。

珠江流域历次大洪水主要控制站洪峰流量成果见表 1-1。

表 1-1

流域历次大洪水主要控制站洪峰流量

洪水列表	洪水类型	主要控制站水情特征						水灾害损失			
		水系	站名	集水面积 /km²	洪峰流量 /(m³/s)	峰现时间	稀遇程度	受灾县（市） /个	农作物受灾面积 /万亩	受灾人口 /万人	全年直接经济损失（当年价） /亿元
1915 年洪水	全流域型特大洪水	西江	梧州	327006	54500	7 月 10 日	近 200 年一遇	57	1400	600	462（仅广州）
		北江	石角	38363	22000	7 月 11 日	200 年一遇				
		东江	博罗	25325	—	—	一般洪水				
		三角洲	三水	—	17200	7 月 12 日	200 年一遇				
			马口	—	52100	7 月 12 日	超 200 年一遇				
1949 年洪水	西江为主大洪水	西江	梧州	327006	48900	7 月 5 日	50 年一遇	56	652	408	—
		北江	石角	38363	10800	7 月 1 日	一般洪水				
		东江	博罗	25325	—	—	一般洪水				
		三角洲	三水	—	12400	7 月 4 日	近 20 年一遇				
			马口	—	40500	7 月 4 日	近 20 年一遇				
1968 年洪水	全流域型较大洪水	西江	梧州	327006	38900	6 月 29 日	近 10 年一遇	—	192	—	—
		北江	石角	38363	14900	6 月 27 日	20 年一遇				
		东江	博罗	25325	8040	—	5 年一遇				
		三角洲	三水	—	13100	6 月 27 日	20 年一遇				
			马口	—	40700	6 月 27 日	近 20 年一遇				

续表

洪水列表	洪水类型	主要控制站水情特征						水灾害损失			
		水系	站名	集水面积/km²	洪峰流量/(m³/s)	峰现时间	稀遇程度	受灾县(市)/个	农作物受灾面积/万亩	受灾人口/万人	全年直接经济损失(当年价)/亿元
1994年洪水	全流域型特大洪水	西江	梧州	327006	49200	6月18日	50年一遇	109	—	1800	282
		北江	石角	38363	18200	6月19日	50年一遇				
		东江	博罗	25325	—	—	一般洪水				
		三角洲	三水	—	16200	6月19日	超100年一遇				
			马口	—	47000	6月20日	近100年一遇				
1998年洪水	西江为主大洪水	西江	梧州	327006	52900(天然47900)	6月27日	超30年一遇	—	815	1556	161
		北江	石角	38363	12600	6月26日	常遇洪水				
		东江	博罗	25325	—	—	一般洪水				
		三角洲	三水	—	16200	6月26日	近30年一遇				
			马口	—	46200	6月26日	近30年一遇				
2005年洪水	全流域型特大洪水	西江	梧州	327006	53900(天然48500)	6月22日	40年一遇	163	983.73	1262.78	135.95
		北江	石角	38363	13900	6月23日	大于5年一遇				
		东江	博罗	25325	7840	6月23日	小于5年一遇(三大库调蓄后,天然为100年一遇)				
		三角洲	三水	—	16300	6月24日	近30年一遇				
			马口	—	53200	6月24日	近100年一遇				

注：1998年、2005年洪水为归槽洪水，梧州还原成天然洪水评估其稀遇程度。

9

韩江流域历史上发生过有详细资料记录的大洪水有 1911 年、1960 年、1996 年、2006 年、2007 年洪水等。

第三节　防洪工程体系

按照水利部的统一部署，根据国务院批复的《珠江流域综合规划（2012—2030年）》《珠江流域防洪规划》以及珠江委多规划论证，制定的"堤库结合，以泄为主、泄蓄兼施"的珠江流域防洪方针，经过多年建设，珠江流域逐步建成以堤防为基础、干支流防洪水库为主要调控手段的防洪减灾工程体系。根据流域洪水特性、防洪保护对象的分布情况、所处的自然地理条件及防洪目标，形成了 6 个堤库结合的防洪工程体系，分别为西北江中下游防洪工程体系、东江中下游防洪工程体系、郁江中下游防洪工程体系、柳江中下游防洪工程体系、桂江中上游防洪工程体系以及北江中上游防洪工程体系，保护珠江下游三角洲、西江、浔江、郁江中下游、柳江下游及红柳黔三江汇合地带、桂江中上游和北江中上游地区等 7 个主要防洪保护区的防洪安全；2 个依靠堤防的防洪工程体系，分别为南盘江中上游防洪工程体系、珠江三角洲滨海防潮工程体系，保护南盘江中上游防洪保护区和珠江三角洲滨海防潮保护区的防洪（潮）安全。其中，潖江蓄滞洪区是西江、北江中下游防洪工程体系的重要组成部分，也是珠江流域唯一列入国家蓄滞洪区域名录的蓄滞洪区，位于北江与支流潖江交汇处，区内面积 79.80km²，可滞蓄洪容量 4.11 亿 m³，目前仍处于在建状态。

依托流域现状防洪工程体系，北江大堤（广州市）可防御北江 300 年一遇、西江 100 年一遇洪水；清远市清城联围、清东围、清西围可防御北江 100 年一遇洪水；梧州市可防御西江中上游型和全流域型 50 年一遇洪水，中下游型 30 年一遇洪水；西江、北江下游及三角洲景丰联围、沙坪大堤、江新联围、樵桑联围等重要堤围可防御西江、北江 50 年一遇洪水。东江中下游东莞大堤、惠州大堤可防御东江 100 年一遇洪水。珠江流域现状防洪工程体系基本情况见表 1-2。

对于珠江流域防洪体系来说，由于流域防洪控制性枢纽龙滩、百色等位于上游，控制面积较小，应对流域中下游型洪水水库调控能力有限，仍是流域洪水防御的短板弱项。具体调度时，需从流域防洪角度出发，优化龙滩、百色水库调度规则，加大控泄力度，纳入尽可能多的水库参与调洪，全力减轻下游的防洪压力。

韩江中下游防洪（潮）工程体系由棉花滩水库、高陂水利枢纽和下游三角洲堤防组成，重点保护韩江下游及三角洲，包括汕头、潮州等城市。高陂与棉花滩联合调度，联合韩江下游三角洲堤防，将韩江三角洲地区万亩以上主要保护对象的防洪标准由 30 年一遇提高到 50 年一遇、重点防洪保护对象的防洪标准由 50 年一遇提高到

100年一遇。

表 1 - 2　　　　　　　　珠江流域主要防洪工程体系现状基本情况

工程体系	主要工程	重点防洪保护区	现状防洪能力	控制站点（安全泄量、保证水位）
西江、北江中下游防洪工程体系	龙滩（一期工程，防洪库容 50 亿 m^3）、大藤峡（在建，防洪库容 15 亿 m^3）、飞来峡水库（防洪库容 13.07 亿 m^3）、潖江蓄滞洪区，芦苞涌、西南涌分洪水道，西北江中下游及三角洲堤防工程	珠江下游三角洲防洪保护区 浔江防洪保护区 西江防洪保护区 北江中上游防洪保护区	西江中上游型和全流域型洪水 50 年一遇，中下游型洪水 30 年一遇；北江洪水 300 年一遇	西江梧州站（50400 m^3/s，26.75m） 西江高要站（50500 m^3/s，13.74m） 北江石角站（19000 m^3/s，15.36m） 三角洲思贤滘（60700 m^3/s，马口水位 10.28m，三水水位 10.37m）
东江中下游防洪工程体系	新丰江（防洪库容 31.00 亿 m^3）、枫树坝（防洪库容 2.52 亿 m^3）、白盆珠（防洪库容 3 亿 m^3）水库 东江中下游及三角洲堤防工程	东江下游三角洲防洪保护区	重点地区 100 年一遇，一般地区 20～50 年一遇	博罗站（12000 m^3/s，15.49m）

第二章

珠江"22.6"特大洪水

2022年5月下旬至7月上旬珠江流域的西江、北江发生7次编号洪水❶，并形成两次流域性较大洪水，其中北江发生特大洪水。据洪水还原成果分析，西北江三角洲控制断面思贤滘最大15天、30天洪量分别达671亿m³、1158亿m³，重现期均超过50年一遇，因此将2022年6月珠江洪水定义为珠江"22.6"特大洪水❷。在此期间，韩江流域发生1次编号洪水。

第一节　降雨特点及成因分析

珠江"22.6"特大洪水期间，流域累积雨量较常年同期明显偏多，降雨呈现强降雨历时长、影响范围广、落区重叠度高、短历时降雨强度大等特点。连续暴雨天气与南海夏季风、拉尼娜事件等气候背景密不可分，洪水发展期与关键期出现时间又与亚欧中高纬环流、西太平洋副热带高压的变化息息相关，切变线与台风等天气系统的出现造成强降雨中心在北江、柳江、桂江等区域高度重叠，导致珠江流域（片）主要河流接连出现8次编号洪水，并出现峰高量大的流域性洪水、北江特大洪水。

一、降雨特点

珠江"22.6"特大洪水期间降雨主要呈现以下特点：

一是强降雨历时长。5月下旬至7月上旬珠江流域（片）共出现11场强降雨过程。在5月下旬至6月中旬"龙舟水"期间，强降雨几乎不间断。6月下旬至7月上旬受西南季风和台风"暹芭"共同影响，流域强降雨过程仍持续发生。珠江"22.6"特大洪水期间，强降雨历时近50天，流域汛情不断发展变化。

二是强降雨影响范围广。5月下旬至7月上旬珠江流域累积降雨量超过100mm、250mm、400mm的笼罩面积分别为44.12万km²、42.88万km²、31.25万km²，约占珠江流域总面积的100%、97%、71%。强降雨笼罩面积大、影响范围广，涉及流域多个省（自治区），流域汛情点多面广。

三是强降雨落区重叠度高。5月下旬至7月上旬，强降雨主要发生在黔江、柳江、浔江、桂江、西江下游和北江等流域中北部地区，降雨落区高度重叠，土壤含水

---

❶　珠江流域（片）编号洪水是指西江、北江、东江及韩江干流的洪水量级达到《全国主要江河洪水编号规定》中明确的编号标准的洪水。

❷　根据国务院批复的《珠江流域防洪规划》设计洪水成果，珠江三角洲思贤滘断面（西江马口水文站＋三水水文站）最大15天洪量671亿m³（还原后）接近100年一遇设计洪量（684亿m³），最大30天洪量1158亿m³（还原后）超过50年一遇设计洪量（1130亿m³），为特大洪水。

量长期处于饱和状态，有利于径流的形成，江河下游及区间降雨比重大，导致洪水快速发展。部分河流多次出现涨水过程，水位频繁超警戒且长期处于高水位运行，水利工程面临严峻考验。

四是短历时降雨强度大。期间较大 3 小时降雨量的站点有：广东惠州市惠东县巽寮管委会巽寮站 237.0mm（超过 100 年一遇）、广东阳江阳春市大河站 219.0mm、广东湛江雷州市杨家镇站 197.0mm（超过 20 年一遇）。较大 1 小时降雨量的站点有：广西柳州市融水县香粉站 153.0mm、广东揭阳市揭西县和南站 148.0mm（超过 100 年一遇）、广西来宾武宣县石祥河站 146.0mm。突发性短历时强降雨造成中小河流水位陡涨，引发多地山洪、泥石流等灾害。

二、强降雨成因分析

（一）气候背景

1. 南海夏季风爆发偏早为强降雨提供充足水汽

南海夏季风爆发时间与珠江流域（片）汛期降雨密切相关，2022 年南海夏季风爆发时间较常年同期偏早，提前为珠江流域（片）输送暖湿气流，为持续强降雨天气创造了水汽条件，是造成洪水发展期流域主要江河水位持续上涨、洪水关键期伊始河流底水较高的重要气候背景。

南海夏季风是每年 5—10 月中国南海地区低层（850hPa）盛行的来自热带的西南风。在由冬向夏季节转换过程中，850hPa 西南风开始稳定在南海季风区大部，并伴有对流性降雨发展，且温度、湿度等气象要素发生突变时，称之为南海夏季风爆发。

南海夏季风爆发时间是汛期气候预测的关键因子。通常，南海夏季风爆发后的半个月内，来自热带印度洋和南海的西南暖湿水汽将顺着季风气流被输送到东亚大陆，长江以南地区将更容易出现对流性强降雨过程。据国家气候中心亚洲夏季风环流监测表明，2022 年南海夏季风于 5 月第 3 候爆发，较常年同期偏早 1 候（5 天）。暖湿气流源源不断向珠江流域（片）输送，为持续性降雨过程提供充足的水汽，5 月第 5 候（南海夏季风爆发后 1~2 周）即出现珠江"22.6"特大洪水的首次降雨过程，且后续降雨过程连续，符合上述规律。

2. 拉尼娜事件持续发生导致降雨不确定性增加

2020 年以来赤道中东太平洋连续发生了两次拉尼娜事件，海温异常会引起大气环流异常，从而使得地球某些地区降雨异常偏多或偏少。拉尼娜是赤道中东太平洋海表温度大范围持续偏冷，通过热带海—气相互作用，造成全球大气环流异常的气候现象。拉尼娜事件通过影响西太平洋副热带高压的位置与强度、东亚季风环流，从而影响东亚夏季降水。

2022 年 5—6 月的持续性强降雨天气可能与前期赤道中东太平洋持续发生的拉尼娜事件密切相关。据国家气候中心监测，2020 年 8 月—2021 年 3 月赤道中东太平洋发生了一次东部型中等强度的拉尼娜事件，此后，在 2021 年秋季形成一次新的拉尼娜事件，2022 年已是连续第二个拉尼娜年。2022 年春季，Nino 3.4 区海温 3 个月滑动平均有波动上升、阶段性加强的趋势（图 2-1），这为珠江流域（片）入汛偏早、汛期降雨不确定性增加提供了重要的气候背景。

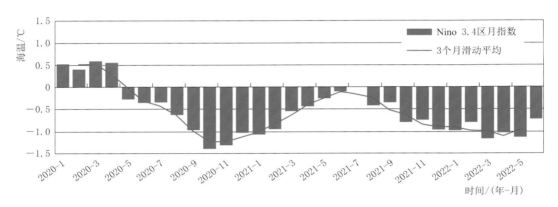

图 2-1　2020 年以来赤道中东太平洋关键区（Nino 3.4 区）海温距平演变图

（二）大气环流背景

1. 亚欧中高纬环流经向度大导致冷空气接踵南下

2022 年 5 月以来亚欧中高纬度地区大气环流经向度大，导致北方冷空气接踵南下，在珠江流域（片）上空频繁活动。亚欧中高纬环流变化与珠江"22.6"特大洪水的强降雨过程出现时间有较大关联。5 月中下旬，亚欧中高纬 500hPa 平均高度场呈现较为稳定的两槽两脊环流分布形势，且槽区为负距平，脊区为正距平，表明槽脊强度较气候平均态更强，槽区发生降雨的可能性更大。6 月中上旬，亚欧中高纬高度场整体仍呈现两槽两脊环流分布特点，但环流形势有所调整，高空槽东移发展并南伸，高空槽后的西北气流引导北方冷空气向珠江流域（片）输送。

2. 西太平洋副热带高压偏西导致冷暖空气频繁交汇

2022 年 6 月西太平洋副热带高压位置偏西且较为稳定，珠江流域（片）处于副热带高压西北侧的西南流场中，致使冷暖空气在珠江流域（片）上空频繁交汇，形成持续性的强降雨天气。西太平洋副热带高压的位置可以影响东亚地区雨带的分布，在副热带高压的北侧和西北侧，是太平洋和印度洋暖湿气流与南下冷空气交绥形成强降雨的集中地。从副热带高压脊线看，2022 年 5 月下旬副热带高压脊线位置异常偏北，6 月初副热带高压异常南压，随后副热带高压开始持续北抬，副热带高压脊线维持在珠江流域（片）南部；从西伸脊点看，6 月上旬副热带高压西伸脊点先东退，6 月中旬西伸，此后中下旬维持在流域东部，较常年同期位置偏西，珠江流域（片）

大部地区长期处于副热带高压西北侧流场，暖湿气流和北方冷空气频繁交汇，是导致 6 月中下旬出现珠江"22.6"特大洪水的重要大气环流背景之一。

（三）天气系统的影响

1. 切变线频现使得水汽高度汇聚

2022 年 6 月，珠江流域（片）上空切变线频繁出现且维持，西南暖湿气流带来的水汽汇聚堆积在切变线南侧，使得充沛的雨水被迫降落在珠江流域（片）。切变线是指 700hPa 和 850hPa 高度风向或风速的不连续线，有利于使水汽抬升凝结形成降雨，为降雨提供了动力条件，是引起华南前汛期暴雨的重要天气系统之一。2022 年 6 月，珠江流域（片）范围内多次出现切变线，并且由于切变线较为稳定，持续时间长，强盛的西南暖湿气流为该地区源源不断地输送水汽，并在切变线南侧堆积然后抬升，进而形成持续性强降雨。

2. 台风影响范围与北江强降雨落区高度重叠

2022 年第 3 号台风"暹芭"于 7 月 2 日 15 时在广东电白沿海登陆，是 2022 年登陆珠江流域（片）的第一个台风，登陆时间恰逢珠江"22.6"特大洪水退水期。受台风"暹芭"及其外围环流影响，7 月 1—5 日，流域中东部出现一次较强降雨过程，北江累积降雨量 210.5mm，与北江特大洪水洪峰段的降雨过程（6 月 18—21 日）量级相当，降雨落区基本一致。因台风"暹芭"带来的强降雨影响期间，北江特大洪水尚未完全消退，强降雨落区高度重叠，北江干流复涨，再次发生编号洪水。

三、降雨过程

珠江"22.6"特大洪水期间，珠江流域（片）出现连续强降雨天气，北江、韩江累积雨量破历史纪录。经统计，5 月下旬至 7 月上旬，珠江流域（片）共发生 11 场强降雨过程（表 2-1）。珠江流域累积面雨量 622.4mm（注：本书中 2022 年雨水情数据均为报汛数据），较常年同期偏多 42%，北江和韩江累积面雨量均列 1961 年有资料以来同期第一位，西江累积面雨量列 1961 年以来同期第四位。2022 年 5 月下旬至 7 月上旬珠江流域（片）降雨分区统计见表 2-2，2022 年 5 月下旬至 7 月上旬珠江流域（片）累积降雨如图 2-2 所示。

从总体上看，11 场强降雨的影响区域高度重叠，累积降雨量大，主要集中在黔江、柳江、浔江、桂江、西江下游和北江等流域中北部地区，黔江、柳江、西江下游等地累积降雨量较常年同期偏多 49%～52%，浔江、桂江、北江下游等地偏多 81%～90%，北江中上游偏多 133%～146%。降雨前期集中在西江中北部，后扩展至北江、韩江等地，强降雨带东西摆动，造成西江、北江、韩江接连出现编号洪水，形成两次流域性洪水，其中 6 月 15—17 日和 6 月 18—21 日两次连续降雨过程导致西江发生第 4 号洪水、北江发生特大洪水，6 月 15—22 日珠江流域（片）

累积降雨如图 2-3 所示。

表 2-1　　2022 年 5 月下旬至 7 月上旬珠江流域（片）降雨过程统计表

序号	过程起止时间	主要影响区域	主要流域累积面雨量/mm
1	5 月 21—24 日	柳江上游、桂江上游	西江 63.4 北江 59.9
2	5 月 25—27 日	黔江部分地区、浔江部分地区、柳江下游、右江上游、桂江中下游、贺江中游	西江 51.6 北江 53.5 韩江 56.5
3	5 月 28—30 日	柳江中游、桂江下游	西江 40.5
4	6 月 2—6 日	柳江、桂江、贺江、北江、汀江、粤东沿海	西江 69.5 北江 124.0 东江 71.3 韩江 82.0
5	6 月 7—9 日	西江下游、北江中游、东江下游、珠江三角洲、韩江、粤东沿海、粤西沿海	北江 71.4 东江 83.7 珠江三角洲 89.3 韩江 82.0
6	6 月 10—14 日	西江中下游、北江、东江、韩江	西江 82.8 北江 149.7 东江 175.6 珠江三角洲 134.0 韩江 144.7
7	6 月 15—17 日	红水河下游、柳江、桂江、贺江中游、北江、东江、韩江	北江 77.7 东江 91.6 韩江 91.0
8	6 月 18—21 日	桂江上游、北江上中游	北江 207.2
9	6 月 27—29 日	红水河下游、柳江中游	西江 31.9
10	7 月 1—5 日	北江中游、粤西沿海、海南西南部	北江 210.5 东江 125.7 珠江三角洲 198.7
11	7 月 6—7 日	贺江上游、粤东沿海、粤西沿海、桂南沿海	北江 49.6 珠江三角洲 38.0

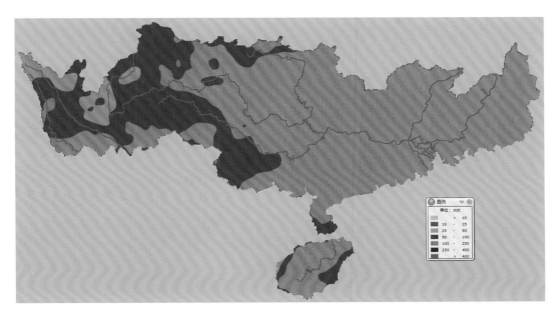

图 2 - 2　2022 年 5 月下旬至 7 月上旬珠江流域（片）累积降雨示意图

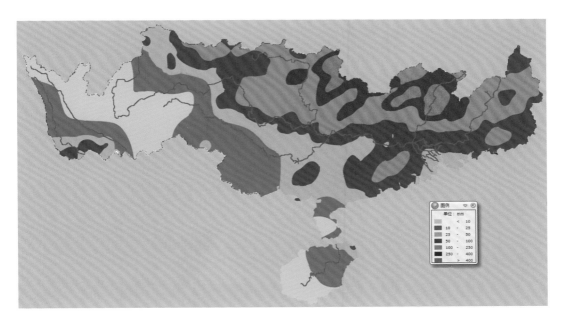

图 2 - 3　6 月 15—22 日珠江流域（片）累积降雨示意图

表 2 - 2　　2022 年 5 月下旬至 7 月上旬珠江流域（片）降雨分区统计表

流域	累积面雨量 /mm	多年同期面雨量 /mm	距平 /%	历史排位
西江	555.6	424.9	31	第四位
北江	974.9	441.9	121	第一位
东江	835.6	495.4	69	第四位
珠江流域	622.4	437.5	42	第三位
韩江	722.9	398.8	81	第一位

注：降雨量历史排位的统计时段为 1961 年有资料以来。

第二节　洪水特点及组成分析

　　珠江"22.6"特大洪水具有历时长、频次高、量级大等特点。在洪水发展期、关键期、退水期，西江、北江共出现 7 次编号洪水，列中华人民共和国成立以来第一位，北江第 2 号洪水发展成仅次于"1915 年"洪水的特大洪水，给流域防汛工作带来了极大挑战。其中，洪水发展期西江连续发生 3 次编号洪水，上游骨干水库已启用部分防洪库容；防汛关键期北江发生特大洪水，同期西江干流已长时间持续高水位运行，粤港澳大湾区面临西江洪水和北江洪水遭遇的严峻风险；特大洪水尚未完全消退，北江再次遭遇台风"暹芭"暴雨叠加影响，北江再次发生编号洪水，流域洪水防御工作经受前所未有之考验。

一、洪水特点

（一）洪水历时长

　　经统计，西江梧州站洪水历时 34 天，北江石角站洪水历时 32 天。受连续降雨影响，西江洪水和北江洪水超警戒历时均长达半个月以上，其中西江梧州站水位累计超警戒达 17 天，20.00m 以上高水位累计 284 小时，超过"1994.6"洪水、"1998.6"洪水、"2005.6"洪水历时。北江英德站水位累计超警戒达 19 天。

（二）洪水频次高

　　西江和北江发生编号洪水总次数突破中华人民共和国成立以来纪录。珠江"22.6"特大洪水期间，西江、北江、韩江共发生 8 次编号洪水，其中西江和北江共发生 7 次编号洪水，列中华人民共和国成立以来西江和北江发生编号洪水总次数的第一位；西江共发生 4 次编号洪水，列中华人民共和国成立以来第二位（第一位 5 次，

1994 年）。

（三） 洪水量级大

北江干流及最大支流连江均出现超 100 年一遇特大洪水。北江特大洪水演进过程中，北江干流浈江新韶站洪峰流量重现期接近 100 年一遇，初步判断为浈江流域 1949 年以来最大洪水；支流连江高道（昂坝）站洪峰流量重现期超 100 年一遇，是 1954 年建站以来第二大流量；北江干流飞来峡水利枢纽出现建库以来最大入库流量，重现期超 100 年一遇，石角站出现 1924 年建站以来实测最大洪水。西江、北江洪水遭遇后，珠江三角洲思贤滘断面最大 30 天洪量超过 1915 年流域性特大洪水，重现期超 50 年。

二、西江第 1 号洪水组成分析

经洪水组成分析，西江第 1 号洪水主要来源于中上游，上游龙滩水库拦蓄上游洪水，避免了红水河洪水与柳江洪峰遭遇，西江中下游干流洪峰主要由中游支流柳江洪峰传播叠加区间洪水形成。受 5 月 25—30 日降雨影响，西江上游干流红水河、中游干流黔江和浔江、中游支流柳江均出现明显洪水过程。5 月 30 日 11 时，西江上游龙滩水库入库流量涨至 10900 m^3/s，将其编号为"西江 2022 年第 1 号洪水"。柳江柳州站 5 月 31 日 6 时出现洪峰水位 78.90m（警戒水位 82.50m），相应洪峰流量 9450 m^3/s；浔江大湟江口站 6 月 1 日 22 时出现洪峰水位 30.07m（警戒水位 31.70m），相应洪峰流量 21100 m^3/s；西江梧州站 6 月 2 日 6 时 15 分出现洪峰水位 17.16m（警戒水位 18.50m），相应洪峰流量 26000 m^3/s。本次洪水主要来源于红水河，迁江站三天洪量为 16.3 亿 m^3，占西江梧州站最大三天洪量的 25%。

（一） 红水河洪水组成分析

红水河龙滩水库 5 月 30 日 11 时出现入库洪峰流量 10900 m^3/s。龙滩水库入库次洪水量 30.8 亿 m^3，其中蒙江来水和区间（天生桥一级水库—董箐水库—雷公滩站—平湖站—平里河站至龙滩水库）的次洪水量分别为 7.7 亿 m^3、13.7 亿 m^3，分别占龙滩入库水量的 25.0%、44.4%，见表 2-3。

表 2-3　　　　　西江第 1 号洪水龙滩入库洪水主要站特征值统计表

河名	站名	次洪水量/亿 m^3	占龙滩入库水量比例/%	占龙滩集水面积比例/%	流量	
					最大值/（m^3/s）	出现时间/（月-日 时:分）
南盘江	天生桥一级水库出库	3.8	12.5	47.8	—	—
北盘江	董箐水库出库	4.1	13.3	18.7	—	—
蒙江	雷公滩	7.7	25.0	5.2	3040	5-31 1:45

河名	站　名	次洪水量/亿 m³	占龙滩入库水量比例/%	占龙滩集水面积比例/%	流　量	
					最大值/(m³/s)	出现时间/(月-日 时：分)
六硐河	平湖	0.45	1.5	1.4	317	5-30 16：15
曹渡河	平里河	1.0	3.4	1.3	1110	5-30 8：20
区　间		13.7	44.4	25.6	—	—
红水河	龙滩水库入库	30.8	—	—	10900	5-30 11：00

（二）柳江洪水组成分析

柳江干流融江融水站 5 月 30 日 23 时出现洪峰流量 5370m³/s；支流龙江三岔站 5 月 31 日 8 时 10 分出现洪峰流量 3920m³/s；融江、龙江与其他支流洪水汇合后，柳江柳州站 5 月 31 日 13 时出现洪峰流量 9450m³/s。

柳州站次洪水量为 45.9 亿 m³，其中融水站次洪水量为 26.7 亿 m³，占柳州次洪水量的 58.3%，是柳江洪水的主要来源。此外三岔站次洪水量为 17.4 亿 m³，占柳州次洪水量的 37.9%，次洪水量比例超过其集水面积比例。西江第 1 号洪水柳江洪水主要站特征值统计见表 2-4。

表 2-4　　　　　西江第 1 号洪水柳江洪水主要站特征值统计表

河名	站名	次洪水量/亿 m³	占柳州次洪水量比例/%	占柳州集水面积比例/%	流　量	
					最大值/(m³/s)	出现时间/(月-日 时：分)
融江	融水	26.7	58.3	52.1	5370	5-30 23：00
龙江	三岔	17.4	37.9	35.8	3920	5-31 8：10
区　间		1.8	3.8	12.1		
柳江	柳州	45.9 (52.0)	—	—	9450 (8900)	5-31 13：00

注：表中括号内数据为还原上游水库调蓄影响后的天然值。

（三）黔江洪水组成分析

黔江大藤峡水利枢纽入库（武宣站）次洪水量 114.7 亿 m³，其中柳州站次洪水量为 45.9 亿 m³，占大藤峡入库水量的 40.1%，是黔江洪水的主要来源。此外对亭站和区间（迁江站—柳州站—对亭站至大藤峡水利枢纽）的次洪水量分别为 9.7 亿 m³、13.3 亿 m³，分别占大藤峡入库水量的 8.5%、11.4%，次洪水量比例均超过其集水面积比例。西江第 1 号洪水大藤峡入库洪水主要站特征值统计见表 2-5。

表 2-5　　　　　西江第 1 号洪水大藤峡入库洪水主要站特征值统计表

河名	站名	次洪水量 /亿 m³	占大藤峡入库水量比例/%	占大藤峡集水面积比例/%	流量	
					最大值 /(m³/s)	出现时间 /(月-日 时:分)
红水河	迁江	45.8 (79.0)	40.0	64.9	7720 (13000)	6-1 10:55
柳江	柳州	45.9 (52.0)	40.1	22.9	9450 (8900)	5-31 13:00
洛清江	对亭	9.7	8.5	3.7	1930	5-27 5:25
区　间		13.3	11.4	8.6		
黔江	大藤峡入库	114.7 (154.0)	—	—		

注：表中括号内数据为还原上游水库调蓄影响后的天然值。

（四）西江洪水组成分析

西江梧州站 6 月 2 日 6 时 15 分出现洪峰流量 26000m³/s。梧州站次洪水量 188.6 亿 m³，其中武宣站次洪水量为 114.7 亿 m³，占梧州次洪水量的 60.8%，是西江洪水的主要来源。此外京南站、太平站和区间（武宣站—贵港站—京南站—太平站—金鸡站至梧州站）次洪水量分别为 22.3 亿 m³、7.6 亿 m³、11.5 亿 m³，分别占梧州次洪水量的 11.8%、4.1%、6.1%，次洪水量比例均超过其集水面积比例。西江第 1 号洪水梧州洪水主要站特征值统计见表 2-6。

表 2-6　　　　　西江第 1 号洪水梧州洪水主要站特征值统计表

河名	站名	次洪水量 /亿 m³	占梧州次洪水量比例/%	占梧州集水面积比例/%	流量	
					最大值 /(m³/s)	出现时间 /(月-日 时:分)
黔江	武宣	114.7 (146.8)	60.8	60.7	— (21100)	
郁江	贵港	30.3 (32.8)	16.1	26.4	5570 (4990)	6-2 16:37
桂江	京南	22.3	11.8	5.3	4960	5-31 16:55
蒙江	太平	7.6	4.1	1.1	2220	5-29 0:00
北流河	金鸡	2.1	1.1	2.8	—	
区　间		11.5 (18.0)	6.1	3.7	—	
西江	梧州	188.6 (229.6)	—	—	26000 (30900)	6-2 6:15

注：表中括号内数据为还原上游水库调蓄影响后的天然值。

三、西江第 2 号洪水组成分析

经洪水组成分析，西江第 2 号洪水主要来源于中游柳江和桂江，支流洪水快速汇集，抬高西江中下游干流底水，梧州站出现今年首次超警洪水。受 6 月 2—9 日降雨影响，西江中游黔江和浔江，中游支流柳江、桂江、蒙江出现明显洪水过程。6 月 6 日 17 时，西江中游武宣站流量涨至 25200m³/s，将其编号为"西江 2022 年第 2 号洪水"。西江第 2 号洪水主要控制断面特征值统计见表 2-7。

表 2-7　　　　　　西江第 2 号洪水主要控制断面特征值统计表

断面	水 位			流 量	
	洪峰水位 /m	出现时间 /（月-日 时：分）	超警戒 /m	洪峰流量 /（m³/s）	出现时间 /（月-日 时：分）
柳州	84.62	6-5 21：15	2.12	17900	6-5 15：00
对亭	82.18	6-6 2：30	0.48	5010	6-6 2：30
武宣	57.23	6-7 1：00	1.53	25700	6-7 1：00
大湟江口	32.52	6-7 11：00	0.82	27200	6-7 11：00
太平	37.43	6-7 20：40	0.23	2080	6-7 20：40
京南	25.03	6-7 17：10	1.03	6270	6-7 16：27
梧州	20.31	6-8 8：30	1.81	33800	6-8 8：30

（一）柳江洪水组成分析

柳江柳州站 6 月 5 日 15 时出现洪峰流量 17900m³/s。柳州站次洪水量为 53.4 亿 m³，其中融水站次洪水量为 30.4 亿 m³，占柳州次洪水量的 56.9%，是柳江洪水的主要来源。此外区间（融水站—三岔站至柳州站）的次洪水量为 7.1 亿 m³，占柳州次洪水量的 13.3%，次洪水量比例超过其集水面积比例。西江第 2 号洪水柳江洪水主要站特征值统计见表 2-8。

表 2-8　　　　　　西江第 2 号洪水柳江洪水主要站特征值统计表

河名	站名	次洪水量 /亿 m³	占柳州次洪水量 比例/%	占柳州集水面积 比例/%	流量	
					最大值 /（m³/s）	出现时间 /（月-日 时：分）
融江	融水	30.4	56.9	52.1	14500	6-5 2：50
龙江	三岔	15.9	29.8	35.8	6120	6-5 23：00
区　间		7.1	13.3	12.1	—	—
柳江	柳州	53.4 (53.9)	—	—	17900 (18500)	6-5 15：00

注：表中括号内数据为还原上游水库调蓄影响后的天然值。

（二）黔江洪水组成分析

黔江武宣站 6 月 7 日 1 时出现洪峰流量 25700m³/s。武宣站次洪水量 91.7 亿 m³，其中柳州站次洪水量为 53.4 亿 m³，占武宣次洪水量的 58.2%，是黔江洪水的主要来源。此外对亭站次洪水量为 9.2 亿 m³，占武宣次洪水量的 10.0%，次洪水量比例超过其集水面积比例。西江第 2 号洪水武宣洪水主要站特征值统计见表 2-9。

表 2-9　　　　　西江第 2 号洪水武宣洪水主要站特征值统计表

河名	站名	次洪水量 /亿 m³	占武宣次洪水量 比例/%	占武宣集水面积 比例/%	流　量	
					最大值 /(m³/s)	出现时间 /(月-日 时：分)
红水河	迁江	29.1 (48.8)	31.7	65.6	— (11200)	—
柳江	柳州	53.4 (53.9)	58.2	23.1	17900 (18500)	6-5 15：00
洛清江	对亭	9.2	10.0	3.7	5010	6-6 2：30
区　间		0.001 (3.4)	0.1	7.6	—	—
黔江	武宣	91.7 (115.3)	—	—	25700 (29300)	6-7 1：00

注：表中括号内数据为还原上游水库调蓄影响后的天然值。

（三）西江洪水组成分析

干支流洪水汇合后，西江梧州站 6 月 8 日 8 时 30 分出现洪峰流量 33800m³/s。梧州站次洪水量 147.0 亿 m³，其中武宣站次洪水量为 91.7 亿 m³，占梧州次洪水量的 62.4%，是西江洪水的主要来源。此外桂江京南站、蒙江太平站和区间（武宣站—贵港站—京南站—太平站—金鸡站至梧州站）次洪水量分别为 20.4 亿 m³、4.0 亿 m³、10.8 亿 m³，分别占梧州次洪水量的 13.9%、2.7%、7.3%，次洪水量比例均超过其集水面积比例。西江第 2 号洪水梧州洪水主要站特征值统计见表 2-10。

表 2-10　　　　　西江第 2 号洪水梧州洪水主要站特征值统计表

河名	站名	次洪水量 /亿 m³	占梧州次洪水量 比例/%	占梧州集水面积 比例/%	流　量	
					最大值 /(m³/s)	出现时间 /(月-日 时：分)
黔江	武宣	91.7 (115.3)	62.4	60.7	25700 (29300)	6-7 1：00
郁江	贵港	17.5 (168.8)	11.9	26.4	—	—

续表

河名	站名	次洪水量 /亿 m³	占梧州次洪水量 比例/%	占梧州集水面积 比例/%	流量	
					最大值 /(m³/s)	出现时间 /(月-日 时:分)
桂江	京南	20.4	13.9	5.3	6270	6-7 16:27
蒙江	太平	4.0	2.7	1.1	2080	6-7 20:40
北流河	金鸡	2.7	1.8	2.8	—	—
区 间		10.8 (19.8)	7.3	3.7	—	—
西江	梧州	147.0 (179.0)	—	—	33800 (38800)	6-8 8:30

注：表中括号内数据为还原上游水库调蓄影响后的天然值。

四、西江第 3 号、北江第 1 号洪水和韩江 1 号洪水组成分析

经洪水组成分析，西江第 3 号洪水主要来源于中下游，北江洪水主要来源于中游。受 6 月 10—14 日降雨影响，西江红水河龙滩以下干流河段，中游干流黔江和浔江，中游支流郁江、桂江、蒙江；北江中下游干流、北江上游支流武江、中游支流连江出现明显洪水过程。6 月 12 日 20 时，西江梧州站水位 18.52m，将其编号为"西江 2022 年第 3 号洪水"；6 月 14 日 11 时 30 分，北江石角站流量涨至 12000m³/s，将其编号为"北江 2022 年第 1 号洪水"，珠江流域第 1 次流域性较大洪水形成。西江第 3 号和北江第 1 号洪水主要控制站洪峰特征值统计见表 2-11。

表 2-11　西江第 3 号和北江第 1 号洪水主要控制站洪峰特征值统计表

场次	站名	水 位			流 量	
		洪峰水位 /m	出现时间 /(月-日 时:分)	超警戒水位 /m	洪峰流量 /(m³/s)	出现时间 /(月-日 时:分)
西江 第 3 号 洪水	迁江	78.06	6-12 10:00	-3.64	9710	6-12 10:00
	柳州	78.94	6-13 23:00	-3.56	8330	6-14 3:00
	对亭	82.02	6-13 22:40	0.32	4900	6-13 22:40
	武宣	55.54	6-14 13:00	-0.16	20900	6-14 13:00
	贵港	41.64	6-14 14:00	0.44	7900	6-14 16:00
	大湟江口	33.38	6-15 2:00	1.68	29400	6-14 23:00
	太平	37.45	6-13 1:20	0.25	2100	6-13 1:20
	京南	27.60	6-14 13:15	3.60	8820	6-14 13:15
	梧州	22.31	6-15 3:25	3.81	39200	6-15 3:25

场次	站 名	水 位			流 量	
		洪峰水位 /m	出现时间 /（月-日 时：分）	超警戒水位 /m	洪峰流量 /（m³/s）	出现时间 /（月-日 时：分）
北江第1号洪水	犁市	60.34	6-13 9：00	−0.66	3100	6-13 22：00
	新韶	54.77	6-14 7：00	−2.73	2400	6-14 8：00
	滃江	31.40	6-14 21：00	0.34	2360	6-14 3：00
	英德	31.40	6-14 21：00	5.40		
	高道（昂坝）	31.42	6-14 20：00	−0.08	4600	6-14 20：00
	飞来峡入库	—	—	—	12500	6-14 23：00
	石角	10.79	6-15 19：00	−0.21	14400	6-15 18：00

（一）黔江洪水组成分析

黔江武宣站 6 月 14 日 13 时出现洪峰流量 20900m³/s。武宣站次洪水量为 86.5 亿 m³，其中迁江站次洪水量为 40.5 亿 m³，占武宣次洪水量的 46.9%，是黔江洪水的主要来源。此外柳州站、对亭站和区间（迁江站—柳州站—对亭站至武宣站）的次洪水量分别为 25.1 亿 m³、9.9 亿 m³、11.0 亿 m³，分别占武宣次洪水量的 29.1%、11.4%、12.6%，次洪水量比例均超过其集水面积比例。西江第 3 号洪水武宣洪水主要站特征值统计见表 2-12。

表 2-12　　　　　西江第 3 号洪水武宣洪水主要站特征值统计表

河名	站名	次洪水量 /亿 m³	占武宣次洪水量 比例/%	占武宣集水 面积比例/%	流 量	
					最大值 /（m³/s）	出现时间 /（月-日 时：分）
红水河	迁江	40.5 (50.3)	46.9	65.6	9700 (11900)	6-12 10：00
柳江	柳州	25.1 (28.9)	29.1	23.1	8330 (8760)	6-14 3：00
洛清江	对亭	9.9	11.4	3.7	4900	6-13 22：40
区　间		11.0 (9.3)	12.6	7.6	—	—
黔江	武宣	86.5 (98.4)	—	—	20900 (22400)	6-14 13：00

注：表中括号内数据为还原上游水库调蓄影响后的天然值。

（二）西江洪水组成分析

干支流来水汇合后，西江梧州站 6 月 15 日 3 时 25 分出现洪峰流量 39200m³/s。

梧州站次洪水量173.8亿 m^3，其中武宣站次洪水量为86.5亿 m^3，占梧州次洪水量的48.9%，是西江洪水的主要来源。此外桂江京南站、蒙江太平站、区间（武宣站—贵港站—京南站—太平站—金鸡站至梧州站）的次洪水量分别为27.6亿 m^3、4.4亿 m^3、18.1亿 m^3，分别占梧州次洪水量的15.9%、2.5%、10.4%，次洪水量比例均超过其集水面积比例。西江第3号洪水梧州洪水主要站特征值统计见表2-13。

表 2-13　　　　　　　　西江第3号洪水梧州洪水主要站特征值统计表

河名	站名	次洪水量 /亿 m^3	占梧州次洪水量 比例/%	占梧州集水面积 比例/%	流量	
					最大值 /(m^3/s)	出现时间 /（月-日 时：分）
黔江	武宣	86.5 (98.4)	48.9	60.7	20900 (22400)	6-14 13：00
郁江	贵港	33.3 (26.2)	19.2	26.4	7900 (6210)	6-14 17：00
桂江	京南	27.6	15.9	5.3	8820	6-14 13：15
蒙江	太平	4.4	2.5	1.1	2100	6-13 1：20
北流河	金鸡	3.9	2.2	2.8	—	—
区　间		18.1 (32.5)	10.4	3.7	—	—
西江	梧州	173.8 (193.0)	—	—	39200 (41700)	6-15 3：25

注：表中括号内数据为还原上游水库调蓄影响后的天然值。

（三）北江洪水组成分析

干支流洪水汇合后，飞来峡水利枢纽6月15日2时出现入库洪峰流量12500m^3/s，石角站6月15日18时出现洪峰流量14400m^3/s。石角站次洪水量61.5亿 m^3，其中连江高道（昂坝）站和区间（飞来峡水利枢纽—大庙峡站—珠坑站至石角站）次洪水量分别为15.8亿 m^3、10.6亿 m^3，分别占石角站次洪水量的25.7%、17.1%，是北江洪水的主要来源。此外滃江滃江站、潖江大庙峡站次洪水量分别为5.2亿 m^3、1.2亿 m^3，分别占石角站次洪水量的8.5%、2.0%，次洪水量比例均超过其集水面积比例。北江第1号洪水干支流主要站特征值统计见表2-14。

（四）韩江洪水组成分析

经洪水组成分析，韩江第1号洪水主要来源于上游。受6月10—17日降雨影响，韩江上游梅江、支流汀江、韩江干流均出现明显洪水过程。6月13日14时，韩江三

河坝站流量涨至 $4890\mathrm{m^3/s}$，将其编号为"韩江 2022 年第 1 号洪水"。韩江潮安站 6 月 17 日 12 时出现洪峰流量 $10700\mathrm{m^3/s}$，为 2008 年以来最大流量。

表 2 - 14　　　　　北江第 1 号洪水干支流主要站特征值统计表

河名	站名	次洪水量 /亿 m³	占石角次洪水量比例/%	占石角集水面积比例/%	流量	
					最大值 /(m³/s)	出现时间 /(月-日 时：分)
浈江	新韶	7.0	11.5	19.7	2400	6 - 14 8：00
武江	犁市	8.2	13.4	18.2	3100	6 - 13 22：00
滃江	滃江	5.2	8.5	5.2	2360	6 - 14 3：00
连江	高道（昂坝）	15.8	25.7	22.4	4600	6 - 14 20：00
区间［新韶站—犁市站—滃江站—高道（昂坝）站至飞来峡水利枢纽］		10.4	16.8	23.4		
北江	飞来峡入库	46.6 (51.3)	75.8	88.9	12500 (13600)	6 - 15 2：00
	飞来峡出库	47.7	77.7	88.9	12500	6 - 15 1：00
潖江	大庙峡	1.2	2.0	1.3	640	6 - 14 12：00
滨江	珠坑	2.0	3.2	4.4	984	6 - 14 13：00
区间（飞来峡水利枢纽—大庙峡站—珠坑站至石角站）		10.6	17.1	5.4		
北江	石角	61.5 (65.1)	—	—	14400 (15400)	6 - 15 18：00

注：表中括号内数据为还原上游水库调蓄影响后的天然值。

1. 梅江洪水组成分析

梅江水口站 6 月 15 日 2 时出现洪峰流量 $1830\mathrm{m^3/s}$，15 日夜间流量复涨，16 日 22 时再次出现洪峰流量 $2370\mathrm{m^3/s}$。梅江干流洪水与石窟河和区间（水口站—长潭水库至横山站）来水汇合后，梅江横山站首先于 6 月 15 日 3 时出现洪峰流量 $4300\mathrm{m^3/s}$，15 日夜间流量出现复涨，17 日 3 时再次出现洪峰流量 $5100\mathrm{m^3/s}$。

横山站次洪水量 17.9 亿 m³，其中区间（水口—长潭至横山站）次洪水量为 7.3 亿 m³，占横山次洪水量的 40.8%，是梅江洪水的主要来源。此外长潭水库次洪水量为 3.7 亿 m³，占横山次洪水量的 20.7%，次洪水量比例超过其集水面积比例。韩江第 1 号洪水横山洪水主要站特征值统计见表 2 - 15。

表 2 - 15　　　　　　　韩江第 1 号洪水横山洪水主要站特征值统计表

河名	站名	次洪水量 /亿 m³	占横山次洪水量 比例/%	占横山集水面积 比例/%	流 量	
					最大值 /(m³/s)	出现时间 /(月-日 时：分)
梅江	水口	6.9	38.5	50.0	2370	6 - 16 22：00
石窟河	长潭出库	3.7	20.7	15.4	1050	6 - 13 16：00
区　间		7.3	40.8	34.6	—	—
梅江	横山	17.9	—	—	5100	6 - 17 3：00

2. 汀江洪水组成分析

汀江观音桥站 6 月 11 日 9 时 10 分出现洪峰流量 356m³/s，13 日凌晨流量出现复涨，14 日 0 时 35 分再次出现洪峰流量 525m³/s。支流旧县溪杨家坊站 6 月 14 日 6 时 30 分出现洪峰流量 528m³/s。干流上杭站 6 月 14 日 15 时 55 分出现洪峰流量 3640m³/s，棉花滩水库 6 月 14 日 18 时出现最大入库流量 4270m³/s。洪水经棉花滩水库调蓄后与区间（观音桥站—杨家坊站—上杭站至棉花滩水库）来水汇合，溪口站 6 月 16 日 11 时出现洪峰流量 3580m³/s。

棉花滩入库水量 14.6 亿 m³，其中上杭站次洪水量 10.9 亿 m³，占棉花滩入库次洪水量的 74.7%，是汀江洪水的主要来源，韩江第 1 号洪水汀江洪水主要站特征值统计见表 2 - 16。

表 2 - 16　　　　　　　韩江第 1 号洪水汀江洪水主要站特征值统计表

河名	站名	次洪水量 /亿 m³	占棉花滩入库 水量比例/%	占棉花滩集水 面积比例/%	流 量	
					最大值 /(m³/s)	出现时间 /(月-日 时：分)
汀江	观音桥	1.1	7.5	4.8	525	6 - 14 0：35
旧县溪	杨家坊	1.2	8.2	9.4	528	6 - 14 6：30
汀江	上杭	10.9	74.7	73.2	3640	6 - 14 15：55
区　间		3.7	25.3	26.8	—	—
汀江	棉花滩入库	14.6			4270	6 - 14 18：00

3. 韩江洪水组成分析

梅江横山站 6 月 17 日 3 时出现洪峰流量 5100m³/s，汀江溪口站 6 月 16 日 11 时出现洪峰流量 3580m³/s，梅江、汀江与其他支流洪水汇合后，韩江潮安站 6 月 17 日 12 时出现洪峰流量 10700m³/s，为 2008 年以来最大流量。

潮安站次洪水量 46.2 亿 m³，其中横山站次洪水量为 17.9 亿 m³，占潮安站次洪水量的 38.7%，是韩江洪水的主要来源。此外溪口站和区间（横山站—溪口站至潮安站）的次洪水量分别为 16.7 亿 m^3、11.6 亿 m^3，分别占潮安站次洪水量的 36.3%、25.0%，次洪水量比例均超过其集水面积比例。韩江第 1 号洪水主要站特征值统计见表 2-17。

表 2-17　　　　　　　　韩江第 1 号洪水主要站特征值统计表

河名	站名	次洪水量/亿 m^3	占潮安次洪水量比例/%	占潮安集水面积比例/%	流量	
					最大值/(m^3/s)	出现时间/(月-日 时：分)
梅江	横山	17.9	38.7	44.4	5100	6-17 3：00
汀江	溪口	16.7 (17.7)	36.3	31.6	3580 (4880)	6-16 11：00
区间		11.6	25.0	24.0		
韩江	潮安	46.2 (47.2)			10700	6-17 12：00

注：表中括号内数据为还原上游水库调蓄影响后的天然值。

五、西江第 4 号洪水和北江特大洪水组成分析

经洪水组成分析，北江特大洪水主要来源于中上游，西江第 4 号洪水主要来源于中下游，造成西江下游河段长时间持续高水位，珠江流域（片）连续出现流域性较大洪水。受 6 月 15—21 日降雨影响，西江中游干流黔江和浔江、中游支流郁江、桂江、蒙江出现明显洪水过程；北江干流、中游支流连江出现特大洪水过程，干流飞来峡水利枢纽入库洪峰流量重现期超 100 年一遇，为 1915 年之后最大入库流量。6 月 19 日 8 时，西江梧州站水位复涨至 20.95m，超过警戒水位 2.45m，将其编号为"西江 2022 年第 4 号洪水"；6 月 19 日 12 时，北江干流石角站流量涨至 12000m^3/s，将其编号为"北江 2022 年第 2 号洪水"，珠江流域第 2 次流域性较大洪水形成。西江第 4 号洪水和北江特大洪水主要控制站洪峰特征值统计见表 2-18。

表 2-18　　　西江第 4 号洪水和北江特大洪水主要控制站洪峰特征值统计表

场次	站名	水位			流量	
		洪峰水位/m	出现时间/(月-日 时：分)	超警戒水位/m	洪峰流量/(m^3/s)	出现时间/(月-日 时：分)
西江第 4 号洪水	柳州	83.59	6-21 6：50	1.09	16400	6-21 6：00
	对亭	82.88	6-21 7：00	1.18	5530	6-21 7：00
	武宣	58.14	6-23 9：00	2.44	24000	6-22 7：00
	贵港	37.81	6-18 23：00	-3.69	4740	6-18 22：00
	大湟江口	30.97	6-23 23：00	-0.73	23400	6-23 23：00

续表

场次	站名	水位			流量	
		洪峰水位/m	出现时间/(月-日 时：分)	超警戒水位/m	洪峰流量/(m³/s)	出现时间/(月-日 时：分)
西江第4号洪水	太平	38.74	6-21 0：30	1.54	3130	6-21 0：30
	京南	29.88	6-23 8：45	5.88	11200	6-23 8：45
	梧州	21.73	6-23 16：25	3.23	34000	6-23 16：25
北江特大洪水	犁市	60.22	6-21 23：00	-0.78	3300	6-21 1：00
	新韶	59.54	6-21 16：00	2.04	6120	6-21 16：00
	韶关	56.12	6-21 15：00	3.12	—	—
	滃江	101.49	6-18 22：00	0.49	2450	6-18 22：00
	英德	35.97	6-22 14：00	9.97	—	—
	高道（昂坝）	36.72	6-22 18：00	5.22	8650	6-22 18：00
	飞来峡水利枢纽	—	—	0.00	19900	6-22 23：00
	大庙峡	49.62	6-18 11：00	-0.38	943	6-18 11：00
	石角	12.22	6-22 11：00	1.22	18500	6-22 11：00

（一）柳江洪水组成分析

融江、龙江与其他支流洪水汇合后，柳江柳州站6月21日6时出现洪峰流量16400m³/s。柳州站次洪水量为79.3亿m³，其中融水站次洪水量为40.0亿m³，占柳州次洪水量的50.5%，是柳江洪水的主要来源。此外区间（融水站—三岔站至柳州站）次洪水量为13.0亿m³，占柳州次洪水量的16.3%，次洪水量比例超过其集水面积比例。西江第4号洪水柳江洪水主要站特征值统计见表2-19。

表2-19　　　　西江第4号洪水柳江洪水主要站特征值统计表

河名	站名	次洪水量/亿m³	占柳州次洪水量比例/%	占柳州集水面积比例/%	流量	
					最大值/(m³/s)	出现时间/(月-日 时：分)
融江	融水	40.0	50.5	52.1	10300	6-20 18：30
龙江	三岔	26.3	33.2	35.8	6810	6-20 19：55
区间		13.0	16.3	12.1	—	—
柳江	柳州	79.3（83.6）	—	—	16400（17200）	6-21 6：00

注：表中括号内数据为还原上游水库调蓄影响后的天然值。

（二）黔江洪水组成分析

柳江和洛清江洪水与红水河来水汇合后，黔江武宣站 6 月 22 日 7 时出现洪峰流量 24000m³/s。武宣站次洪水量为 165.1 亿 m³，其中柳州站次洪水量为 79.3 亿 m³，占武宣次洪水量的 48.0%，是黔江洪水的主要来源。此外对亭站次洪水量为 26.0 亿 m³，占武宣次洪水量的 15.8%，次洪水量比例超过其集水面积比例。西江第 4 号洪水武宣洪水主要站特征值统计见表 2－20。

表 2－20　　　　　　西江第 4 号洪水武宣洪水主要站特征值统计表

河名	站名	次洪水量 /亿 m³	占武宣次洪水量 比例/%	占武宣集水面积 比例/%	流　量	
					最大值 /(m³/s)	出现时间 /（月-日 时：分）
红水河	迁江	52.2 (81.9)	31.6	65.6	(11900)	—
柳江	柳州	79.3 (83.6)	48.0	23.1	16400 (17200)	6－21 6：00
洛清江	对亭	26.0	15.8	3.7	6490	6－18 0：40
区　间		7.6	4.6	7.6	—	—
黔江	武宣	165.1 (199.1)			24000 (27900)	6－22 7：00

注：表中括号内数据为还原上游水库调蓄影响后的天然值。

（三）桂江洪水组成分析

桂江上游桂林站 6 月 22 日 5 时 5 分出现洪峰流量 4520m³/s；支流荔浦河荔浦站 6 月 20 日 21 时 25 分出现洪峰流量 982m³/s；支流恭城河恭城站 6 月 22 日 9 时出现洪峰流量 4590m³/s；支流思勤江劳村站 6 月 21 日 0 时 5 分出现洪峰流量 1340m³/s；桂江干流、荔浦河、恭城河、思勤江与其他支流洪水汇合后，桂江下游京南站 6 月 23 日 8 时 45 分出现洪峰流量 11200m³/s。

京南站次洪水量为 66.9 亿 m³，桂林站以上区域和区间（桂林站—荔浦站—恭城站—劳村站至京南站）的次洪水量分别为 14.4 亿 m³、37.9 亿 m³，分别占京南次洪水量的 21.6%、56.6%，是桂江洪水的主要来源，西江第 4 号洪水桂江洪水主要站特征值统计见表 2－21。

（四）西江洪水组成分析

干支流来水汇合后，西江梧州站 6 月 23 日 16 时 25 分出现洪峰流量 34000m³/s。梧州站次洪水量为 288.0 亿 m³，其中武宣站次洪水量为 165.1 亿 m³，占梧州次洪水量的 57.3%，是西江洪水的主要来源。此外桂江京南站、蒙江太平站和区间（武宣站—贵港站—京南站—太平站—金鸡站至梧州站）的次洪水量分别为 66.9 亿 m³、

9.4 亿 m³、15.1 亿 m³，分别占梧州次洪水量的 23.2％、3.3％、5.2％，次洪水量比例均超过其集水面积比例。西江第 4 号洪水梧州洪水主要站特征值统计见表 2－22。

表 2－21　　　　　　西江第 4 号洪水桂江洪水主要站特征值统计表

河名	站名	次洪水量 /亿 m³	占京南次洪水量 比例/％	占京南集水面积 比例/％	流量	
					最大值 /(m³/s)	出现时间 /(月-日 时：分)
桂江	桂林	14.4	21.6	15.9	4520	6－22 5：05
荔浦河	荔浦	1.3	1.9	5.2	982	6－20 21：25
恭城河	恭城	8.7	13.0	14.6	4590	6－22 9：00
思勤江	劳村	4.6	6.9	9.0	1340	6－21 0：05
区　间		37.9	56.6	55.3		
桂江	京南	66.9	—	—	11200	6－23 8：45

表 2－22　　　　　　西江第 4 号洪水梧州洪水主要站特征值统计表

河名	站名	次洪水量 /亿 m³	占梧州次洪水量 比例/％	占梧州集水面积 比例/％	流量	
					最大值 /(m³/s)	出现时间 /(月-日 时：分)
黔江	武宣	165.1 (199.1)	57.3	60.7	24000 (27900)	6－22 7：00
郁江	贵港	28.2 (29.6)	9.8	26.4	—	—
桂江	京南	66.9	23.2	5.3	11200	6－23 8：45
蒙江	太平	9.4	3.3	1.1	3190	6－17 21：55
北流河	金鸡	3.3	1.2	2.8	—	—
无控区间		15.1	5.2	3.7		
西江	梧州	288.0 (321.9)	—	—	34000 (40000)	6－23 16：25

注：表中括号内数据为还原上游水库调蓄影响后的天然值。

（五）北江洪水组成分析

浈江新韶站 6 月 21 日 16 时出现洪峰流量 6120m³/s，重现期接近 100 年一遇（6260m³/s），此次洪水量级初步判断为浈江流域 1949 年以来最大洪水。浈江和武江洪水汇合后，干流韶关站 6 月 21 日 15 时出现洪峰水位 56.12m，超警戒水位 3.12m。支流滃江滃江站 6 月 18 日 22 时出现洪峰水位 101.49m，超警戒水位 0.49m，为近 70 年第四高实测水位。支流连江高道（昂坝）站 6 月 22 日 18 时出现洪峰流量 8650m³/s，重现期超 100 年一遇（7880m³/s），是 1954 年建站以来第二大流量（实测最大流量

9160m³/s，2013 年）。干流英德站 6 月 22 日 14 时出现洪峰水位 35.97m，超警戒水位 9.97m，为历史最高实测水位；飞来峡水利枢纽 6 月 23 日 0 时出现入库洪峰流量 19900m³/s，重现期超 100 年一遇（19200m³/s），为 1915 年之后最大入库流量；石角站 6 月 22 日 11 时出现最大流量 18500m³/s，为 1924 年建站以来的实测最大洪水。

石角站次洪水量 119.3 亿 m³，其中连江高道（昂坝）站、区间（新韶站—犁市站—滃江站—高道（昂坝）站至飞来峡水利枢纽）的次洪水量分别为 39.1 亿 m³、25.6 亿 m³，分别占石角次洪水量的 32.8%、21.5%，是北江特大洪水的主要来源。此外区间（飞来峡水利枢纽—大庙峡站—珠坑站至石角站）次洪水量为 13.0 亿 m³，占石角次洪水量的 10.9%，次洪水量比例超过其集水面积比例。北江特大洪水干支流主要站特征值统计见表 2-23。

表 2-23　　　　北江特大洪水干支流主要站特征值统计表

河名	站名	次洪水量 /亿 m³	占石角次洪水量 比例/%	占石角集水面积 比例/%	流量	
					最大值 /(m³/s)	出现时间 /(月-日 时：分)
浈江	新韶	19.0	15.9	19.7	6120	6-21 16：00
武江	犁市	14.8	12.4	18.2	3440	6-19 12：00
滃江	滃江	6.1	5.1	5.2	2450	6-18 22：00
连江	高道（昂坝）	39.1	32.8	22.4	8650	6-22 18：00
区间〔新韶站—犁市站— 滃江站—高道（昂坝） 站至飞来峡水利枢纽〕		25.6	21.5	23.4	—	
北江	飞来峡入库	104.5 (109.9)	87.6	88.9	19900 (20500)	6-22 23：00
	飞来峡出库	103.4	86.6	88.9	18800	6-22 13：00
漼江	大庙峡	1.4	1.2	1.3	943	6-18 11：00
滨江	珠坑	1.5	1.3	4.4	616	6-21 20：00
区间（飞来峡水利枢纽 —大庙峡站— 珠坑站至石角站）		13.0 (14.8)	10.9	5.4	—	
北江	石角	119.3 (127.6)	—	—	18500 (20700)	6-22 11：00

注：表中括号内数据为还原上游水库调蓄影响后的天然值。

六、北江第 3 号洪水组成分析

经洪水组成分析，北江第 3 号洪水主要来源于中游。受 7 月 1—7 日降雨影响，北江中下游干流、北江中游支流连江、滃江出现明显洪水过程。7 月 5 日 7 时 35 分，北江干流石角站实测流量 12000 m³/s，将其编号为"北江 2022 年第 3 号洪水"。北江第 3 号洪水主要控制站洪峰特征值统计见表 2-24。

表 2-24　　　　　　　北江第 3 号洪水主要控制站洪峰特征值统计表

站　名	水　位			流　量	
	洪峰水位/m	出现时间/(月-日 时：分)	超警戒水位/m	洪峰流量/(m³/s)	出现时间/(月-日 时：分)
犁市	60.21	7-4 7：00	-0.79	2640	7-4 8：00
新韶	55.08	7-5 1：00	-2.42	1860	7-5 8：00
韶关	53.31	7-6 0：00	0.31	—	—
滃江	102.30	7-5 21：00	1.30	3040	7-5 21：00
英德	32.25	7-6 9：00	6.25	—	—
高道	30.85	7-5 21：00	—	6680	7-5 21：00
飞来峡入库	—	—	—	13500	7-6 9：00
大庙峡	48.15	7-4 16：00	-1.85	560	7-4 16：00
石角	10.30	7-6 22：00	-0.70	14000	7-6 22：00

北江支流滃江滃江站 7 月 5 日 21 时出现洪峰流量 3040 m³/s，重现期超 20 年一遇（2960 m³/s）；连江高道站 7 月 5 日 21 时出现洪峰流量 6680 m³/s，重现期超 20 年一遇（6390 m³/s）。干流英德站 7 月 6 日 9 时出现洪峰水位 32.25m，超警戒水位6.25m；飞来峡水利枢纽 7 月 6 日 9 时出现最大入库流量 13500 m³/s；石角站 7 月 6 日 22 时出现洪峰流量 14000 m³/s，洪峰水位 10.30m（警戒水位 11.00m）。

石角站次洪水量 81.4 亿 m³，其中连江高道站、区间（新韶站—犁市站—滃江站—高道站至飞来峡水利枢纽）的次洪水量分别为 32.4 亿 m³、23.3 亿 m³，分别占石角次洪水量的 39.7%、28.6%，是北江洪水的主要来源。此外滃江滃江站、大庙峡站的次洪水量分别为 4.5 亿 m³、1.4 亿 m³，分别占石角次洪水量的 5.5%、1.7%，次洪水量比例均超过其集水面积比例。北江第 3 号洪水干支流主要站特征值统计见表 2-25。

表 2-25　　　　　　　北江第 3 号洪水干支流主要站特征值统计表

河名	站名	次洪水量/亿 m³	占石角次洪水量比例/%	占石角集水面积比例/%	流　量	
					最大值/(m³/s)	出现时间/(月-日 时：分)
浈江	新韶	7.9	9.7	19.7	1860	7-5 8：00
武江	犁市	8.9	11.0	18.2	2640	7-4 8：00
滃江	滃江	4.5	5.5	5.2	3040	7-5 21：00
连江	高道	32.4	39.7	22.4	6680	7-5 21：00

续表

河名	站名	次洪水量 /亿 m³	占石角次洪水量比例/%	占石角集水面积比例/%	流 量	
					最大值 /(m³/s)	出现时间 /（月-日 时：分）
区间（新韶站—犁市站—潓江站—高道站至飞来峡水利枢纽）		23.3	28.6	23.4	—	—
北江	飞来峡入库	76.9	94.4	88.9	13500	7-6 9：00
	飞来峡出库	76.4	93.8	88.9	12500	7-5 13：00
潖江	大庙峡	1.4	1.7	1.3	560	7-4 16：00
滨江	珠坑	3.2	3.9	4.4	1330	7-4 5：00
区间（飞来峡水利枢纽—大庙峡站—珠坑站至石角站）		0.4	0.5	5.4	—	—
北江	石角	81.4	—	—	14000	7-6 22：00

第三节　洪水比较

珠江"22.6"特大洪水对流域防汛极为不利，为客观复盘分析流域防汛形势，在1915年以来珠江流域发生的多次大范围暴雨洪水中，从流域性大洪水、西江洪水、北江洪水三方面选取洪水进行对比。流域性典型大洪水有"1915年"流域性特大洪水、"1994.6"流域性特大洪水，西江典型洪水有"1988.8"西江较大洪水，北江典型洪水有"1982.5"北江中下游特大洪水、"2006.7"北江大洪水。这些洪水与珠江"22.6"特大洪水历史情况相似，均曾对流域防汛安全造成严重威胁。但与历史洪水相比，珠江"22.6"特大洪水洪量大、范围广、洪水形态及组成复杂，流域防汛工作面临前所未有的挑战。

一、与历史洪水比较

（一）洪水量级比较

与历史洪水比较，珠江"22.6"特大洪水连续出现两次流域性洪水，历史罕见，西江、北江洪水洪量大，北江洪水洪峰量级大。

珠江"22.6"特大洪水与"1915年"流域性特大洪水、"1994.6"流域性特大洪水都属于流域性洪水，但珠江"22.6"特大洪水为连续两次流域性洪水，为有纪录以来首次。"1915年"流域性特大洪水和"1994.6"流域性特大洪水都为一次流域性洪水。

珠江"22.6"特大洪水洪量大。这场洪水珠江三角洲思贤滘断面最大30天洪量超过"1915年"流域性特大洪水，西江梧州站最大15天洪量、最大30天和最大45天洪量仅次于"1915年"流域性特大洪水，大于"1994.6"流域性特大洪水和"1988.8"西江较大洪水。北江石角站最大15天和最大30天洪量均约为"2006.7"北江大洪水的2倍。

北江干支流洪峰量级大。北江干流洪峰量级以"1915年"流域性特大洪水最大，珠江"22.6"特大洪水次之。珠江"22.6"特大洪水为北江全流域型特大洪水，上游浈江发生接近100年一遇特大洪水，中游支流连江和中下游干流均为超100年一遇特大洪水；"1982.5"北江中下游特大洪水为北江中下游特大洪水，中下游支流连江、滨江、绥江发生特大洪水，干流石角站洪水重现期接近20年一遇；"2006.7"北江大洪水为北江大洪水，干流石角站洪水重现期接近50年一遇，洪水量级小于珠江"22.6"特大洪水，但上游武江发生了超历史特大洪水。

（二）洪水形态过程比较

与历史洪水比较，珠江"22.6"特大洪水期间，西江洪水和北江洪水呈现罕见的连续多峰形态，干流主要控制站长期处于高水位状态。

从洪水流量过程情况看，珠江"22.6"特大洪水过程复杂，西江和北江洪水过程呈现多峰形态，西江梧州站连续出现6次洪峰，北江石角站连续出现3次洪峰，洪水持续时间长且过程较为肥胖。"1915年"流域性特大洪水和"1994.6"流域性特大洪水中西江梧州站为双峰洪水，"1988.8"西江较大洪水梧州站为单峰洪水，"1982.5"北江中下游特大洪水和"2006.7"北江大洪水中北江石角站为单峰洪水过程，"1994.6"流域性特大洪水石角站为双峰洪水，这些历史洪水相对珠江"22.6"特大洪水而言洪水历时短、洪水过程变化少。

（三）洪峰水文要素比较

与历史洪水比较，流域内部分江河站点洪峰流量大，北江特大洪水与西江较大洪水叠加影响，导致珠江三角洲思贤滘出现大洪水。

西江梧州站和高要站洪峰水位（流量）"1915年"流域性特大洪水最高（大），"1994.6"流域性特大洪水次之，珠江"22.6"特大洪水过程中，北江石角站洪峰流量最大，远超过"1982.5"北江中下游特大洪水、"1994.6"流域性特大洪水和"2006.7"北江大洪水。西江梧州站和高要站洪峰水位（流量）虽不及"1915年"流域性特大洪水、"1988.8"西江较大洪水、"1994.6"流域性特大洪水，但部分支流洪峰同比较大，其中洛清江对亭站洪峰流量最大，郁江贵港站洪峰流量小于"1915年"流域性特大洪水，但较其他两场历史洪水大。珠江三角洲思贤滘洪水主要受北江特大洪水传播影响，但同期西江发生较大洪水，北江干流水道三水站洪峰流量高于"1982.5"北江中下游特大洪水和"2006.7"北江大洪水，但小于"1915年"流域性特大洪水和"1994.6"流域性特大洪水。

珠江"22.6"特大洪水与"1915年"流域性特大洪水、"1982.5"北江中下游特大洪水、"1988.8"西江较大洪水、"1994.6"流域性特大洪水、"2006.7"北江大洪水主要站点洪水要素对比情况见表2-26和表2-27。

表 2 - 26　　西江主要水文站各场次洪水洪峰水文要素对比

站名	珠江"22.6"特大洪水				"1915年"特大洪水		"1988.8"大洪水				"1994.6"特大洪水			
	洪峰水位/m	洪峰流量/(m³/s)	涨水幅度/m	涨水历时/小时	洪峰水位/m	洪峰流量/(m³/s)	洪峰水位/m	洪峰流量/(m³/s)	涨水幅度/m	涨水历时/小时	洪峰水位/m	洪峰流量/(m³/s)	涨水幅度/m	涨水历时/小时
迁江	78.06	9710	6.04	58	—	21200	87.99	18400	—	—	87.56	17900	16.29	113
武宣	58.14	25700	7.03	649	—	41000	64.57	42200	—	—	66.06	44400	22.27	122
大湟江口	33.38	29400	5.47	659	—	—	37.60	41800	—	—	38.26	43900(48200)	13.57	138
梧州	22.31(23.21)	39200(41700)	7.37	646	27.80	54500	24.61	42500	—	271	26.64	49200(54600)	11.79	122
高要	10.39	39800(42000)	5.97	665	—	54500	12.21	44800	—	—	13.62	48700(54700)	6.80	129
柳州	84.62	18300	7.66	39.2	—	22000	89.71	27000	18.44	222	89.92	26600	9.53	74
对亭	84.04	6490	8.90	35.7	—	—	81.07	2770	—	—	85.71	6420	13.00	115
贵港	41.64	7900	8.41	477	—	17900	42.77	5460	—	—	—	4380	10.34	122
太平	38.81	3190	3.50	25.9	—	—	37.51	2800	—	—	40.29	4220	5.26	72.4
金鸡	31.73	2260	4.03	77.3	—	8100	—	—	—	—	35.63	3400	7.49	43
马江（京南）	29.88	11200	5.39	69.7	—	—	—	—	—	—	—	8370	6.63	122
古榄（南丰）	36.97	3070	2.18	40	—	6370	—	—	—	—	—	3740	5.27	84

注：1. 表中水位值面采用 85 基准。
　　2. 表中括号内数字为参悫水库调度或洪水归糟后的还原值。

表2-27　北江及珠江三角洲主要水文站各场次洪水洪峰水文要素比较

站名	珠江"22.6"特大洪水				"1915年"特大洪水		"1982.5"北江中下游特大洪水		"1994.6"特大洪水				"2006.7"大洪水			
	洪峰水位/m	洪峰流量/(m³/s)	涨水幅度/m	涨水历时/小时	洪峰水位/m	洪峰流量/(m³/s)	洪峰水位/m	洪峰流量/(m³/s)	洪峰水位/m	洪峰流量/(m³/s)	涨水幅度/m	涨水历时/小时	洪峰水位/m	洪峰流量/(m³/s)	涨水幅度/m	涨水历时/小时
韶关	56.12	—	3.36	57	—		53.70		57.21	—	—	—	56.93	—	4.13	47
英德	35.97	—	11.23	111	—		32.30	7540	34.51	—	—	—	34.23	—	10.89	77.6
高道	33.37	8650	9.07	147	—	7350	34.10	15200	32.62	6990	—	—	32.29	—	9.33	59
滃江	102.30	3040	7.36	47	—				100.16	2240	—	—	98.39	1340	4.06	42
石角	12.22(13.06)	18500(20700)	4.02	99	15.10	17800	13.90	31500	14.74	16700	8.62	260	12.44	17400	7.98	85
马口	7.67	42500(45000)	1.54	135	—		8.06	9060	10.01	47000(51900)	5.08	133	6.72	36400	4.65	96.7
三水	8.10	15000(16400)	1.81	105	9.06	17200	8.45		10.38	16200(18000)	8.49	260	7.09	12500	5.13	94

注：1. 表中水位值采用珠江基面。
2. 表中括号内数字为考虑水库调度或洪水归槽后的还原值。

（四）洪水组成比较

与历史洪水比较，珠江"22.6"特大洪水组成更加复杂。

在洪水组成上，珠江"22.6"特大洪水梧州站洪水主要来源于红水河、柳江和桂江，最大15天、30天、45天洪量之和分别占梧州站洪量的60.3％、60.5％、59.7％，并且区间来水占比也较大，而"1988.8"西江较大洪水和"1994.6"流域性特大洪水主要来源于红水河和柳江，最大15天、30天、45天洪量之和占梧州站洪量的59.2％～72.1％，区间来水占比较小。与历史洪水相比，红水河与柳江同样为主要来源，但桂江与区间也是珠江"22.6"特大洪水的主要来源，洪水组成更加复杂。

从北江最大15天、30天洪水组成上看，珠江"22.6"特大洪水组成为全流域型洪水，"2006.7"北江大洪水组成更加集中在上游。"2006.7"北江大洪水过程中，武江、浈江和滃江洪量之和分别占石角站洪量的41.1％、38.9％，且主要来源于武江；珠江"22.6"特大洪水组成更加复杂，浈江、武江、连江及区间洪量比重较大。

珠江"22.6"特大洪水与"1988.8"西江较大洪水、"1994.6"流域性特大洪水、"2006.7"北江大洪水组成情况见表2-28和表2-29，思贤滘断面历史洪水最大15天、30天洪量比较见表2-30。

表 2-28　　　　　　　　　西江干支流洪水组成比较

项目	河名	站名	珠江"22.6"特大洪水		"1988.8"大洪水		"1994.6"特大洪水	
			洪量 /亿 m³	占比 /％	洪量 /亿 m³	占比 /％	洪量 /亿 m³	占比 /％
最大 15 天 洪量	红水河	迁江	89.29	19.7	126.59	31.0	136.57	32.5
	柳江	柳州	102.20	22.5	167.80	41.1	126.24	30.0
	洛清江	对亭	34.26	7.6	16.29	4.0	32.05	7.6
	郁江	贵港	63.26	13.9	47.48	11.6	35.99	8.6
	蒙江	太平	14.14	3.1	4.77	1.2	9.67	2.3
	北流江	金鸡	8.22	1.8	5.69	1.4	8.63	2.1
	桂江	京南	82.12	18.1	28.07	6.9	54.70	13.0
	区　间		60.23	13.3	11.69	2.9	16.87	4.0
	西江	梧州	453.72	—	408.38	—	420.72	—
最大 30 天 洪量	红水河	迁江	156.61	19.8	204.23	35.1	206.79	31.6
	柳江	柳州	196.85	24.9	202.03	34.7	180.43	27.6
	洛清江	对亭	52.90	6.7	19.77	3.4	38.23	5.8
	郁江	贵港	106.69	13.5	73.47	12.6	67.70	10.4

续表

项目	河名	站名	珠江"22.6"特大洪水		"1988.8"大洪水		"1994.6"特大洪水	
			洪量/亿 m³	占比/%	洪量/亿 m³	占比/%	洪量/亿 m³	占比/%
最大30天洪量	蒙江	太平	25.27	3.2	7.44	1.3	10.79	1.7
	北流江	金鸡	11.93	1.5	8.86	1.5	15.62	2.4
	桂江	京南	124.80	15.8	36.30	6.2	73.96	11.3
	区　间		115.6	14.6	29.73	5.1	60.35	9.2
	西江	梧州	790.65	—	581.83	—	653.87	—
最大45天洪量	红水河	迁江	208.45	20.0	237.40	34.2	267.81	32.6
	柳江	柳州	252.19	24.2	222.16	32.0	219.93	26.8
	洛清江	对亭	65.39	6.3	21.80	3.1	48.27	5.9
	郁江	贵港	137.66	13.2	100.20	14.4	90.06	11.0
	蒙江	太平	31.80	3.0	9.61	1.4	12.37	1.5
	北流江	金鸡	22.23	2.1	11.72	1.7	18.60	2.3
	桂江	京南	162.07	15.5	42.59	6.1	88.63	10.8
	区　间		163.15	15.6	47.96	6.9	75.90	9.2
	西江	梧州	1042.94	—	693.44	—	821.57	—

表 2 - 29　　　　　　　　　　　北江干支流洪水组成比较

项目	河名	站名	珠江"22.6"特大洪水		"2006.7"北江大洪水	
			洪量/亿 m³	占比/%	洪量/亿 m³	占比/%
最大15天洪量	武江	犁市	20.87	11.8	23.80	25.2
	浈江	新韶（长坝）	23.90	13.6	10.34	11.0
	滃江	滃江	10.77	6.1	4.64	4.9
	连江	高道	52.08	29.6	—	—
	潖江	大庙峡	2.52	1.4	—	—
	滨江	珠坑	4.21	2.4		
	区　间		61.77	35.1		
	北江	石角	176.12	—	94.36	—
最大30天洪量	武江	犁市	31.77	11.6	31.00	23.0
	浈江	新韶（长坝）	33.79	12.3	14.98	11.1
	滃江	滃江	15.93	5.8	6.50	4.8

续表

项目	河名	站名	珠江"22.6"特大洪水		"2006.7"北江大洪水	
			洪量/亿 m³	占比/%	洪量/亿 m³	占比/%
最大30天洪量	连江	高道	91.26	33.3	—	—
	滃江	大庙峡	4.12	1.5	—	—
	滨江	珠坑	7.10	2.6	—	—
	区 间		90.36	32.9	—	—
	北江	石角	274.33	—	134.72	—

表 2 - 30　　　　　　　　珠江三角洲思贤滘断面最大 15 天、30 天洪量比较

项 目	珠江"22.6"特大洪水	"1915年"流域性特大洪水	"1994.6"流域性特大洪水	"1998.6"流域性特大洪水	"2005.6"流域性特大洪水
最大 15 天洪量/亿 m³	671	672	580	414	578
最大 30 天洪量/亿 m³	1158	1069	863	902	897

二、编号洪水过程比较

珠江"22.6"特大洪水期间,西江共发生 4 次编号洪水过程,以第 3 号洪水洪峰最大、退水段时间很短即复涨形成第 4 号洪水,两次编号洪水接连发生导致西江干流长时间维持高水位;北江共发生 3 次编号洪水,第 2 次洪水发展成超 100 年一遇特大洪水。西江第 4 号洪峰和北江第 2 号洪峰均出现在珠江"22.6"特大洪水防御关键期。

西江第 1 号洪水为中上游型洪水,梧州站洪水洪峰最低;西江第 2 号洪水为单峰洪水,梧州站峰型最为对称,洪水洪量最小;西江第 3 号洪水梧州站洪峰水位最高、洪峰流量最大;西江第 4 号洪水梧州站历时最长、场次洪量最大,初始水位、流量为 4 场洪水中最大。

北江石角站第 1 号洪水历时最短,洪水洪量最小;石角站第 2 号洪水洪峰水位最高、洪峰流量最大、洪水历时最长、场次洪量最大,初始水位、流量最大;第 3 号洪水由台风暴雨造成,洪水期间西江处于退水阶段,石角站洪峰水位和流量最小,区间来水比例最小,初始水位、流量最小。

(一)西江

1. 西江梧州站

(1)洪峰水文要素比较。珠江"22.6"特大洪水期间,西江共发生 4 次编号洪水过程,梧州站连续出现 6 次洪峰,西江第 1 号和第 4 号洪水各出现 2 次洪峰,西江第

2 号和第 3 号洪水各出现 1 次洪峰。从梧州站水位来看,西江第 3 号洪峰最高。西江第 4 号洪水历时最长,梧州站水位过程如图 2-4 所示。

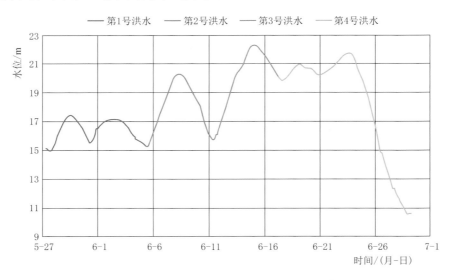

图 2-4 珠江"22.6"特大洪水梧州站水位过程图

(2)洪水组成比较。珠江"22.6"特大洪水期间,从梧州站洪量来看,西江第 4 号洪水的洪量最大。虽然梧州站洪水主要来源于黔江,但各支流和区间来水也不尽相同,西江第 4 号洪水中桂江来水比例高于其他 3 场;区间来水西江第 3 号洪水最大。珠江"22.6"特大洪水梧州站洪水组成统计见表 2-31。

表 2-31 珠江"22.6"特大洪水梧州站洪水组成统计表

洪水场次	河名	站名	次洪水量/亿 m³	占梧州次洪水量比例/%	占梧州集水面积比例/%
第 1 号洪水	黔江	武宣	114.7	60.8	60.7
	郁江	贵港	30.3	16.1	26.4
	桂江	京南	22.3	11.8	5.3
	蒙江	太平	7.6	4.1	1.1
	北流河	金鸡	2.1	1.1	2.8
	区 间		11.5	6.1	3.7
	西江	梧州	188.6	—	—
第 2 号洪水	黔江	武宣	93.4	63.5	60.7
	郁江	贵港	17.5	11.9	26.4
	桂江	京南	20.4	13.9	5.3
	蒙江	太平	4.0	2.7	1.1

洪水场次	河名	站名	次洪水量 /亿 m³	占梧州次洪水量 比例/%	占梧州集水面积 比例/%
第 2 号洪水	北流河	金鸡	2.7	1.8	2.8
	区　间		9.1	6.2	3.7
	西江	梧州	147	—	—
第 3 号洪水	黔江	武宣	88.8	51.1	60.7
	郁江	贵港	33.3	19.2	26.4
	桂江	京南	27.6	15.9	5.3
第 3 号洪水	蒙江	太平	4.4	2.5	1.1
	北流河	金鸡	3.9	2.2	2.8
	区　间		15.8	9.1	3.7
	西江	梧州	173.8	—	—
第 4 号洪水	黔江	武宣	166.6	57.9	60.7
	郁江	贵港	28.2	9.8	26.4
	桂江	京南	66.9	23.2	5.3
	蒙江	太平	9.4	3.3	1.1
	北流河	金鸡	3.3	1.2	2.8
	区　间		13.6	4.6	3.7
	西江	梧州	288	—	—

2. 黔江武宣站

（1）洪峰水文要素比较。珠江"22.6"特大洪水期间，从武宣站水位来看，西江第 2 号洪水的洪峰流量最大，西江第 4 号洪水的洪峰水位最高，最大洪峰流量与最高洪峰水位不同步，主要与下游大藤峡水利枢纽洪水调度有关。此外，除西江第 2 号为单峰型洪水外，其他 3 场均为双峰型洪水，武宣站水位和流量过程如图 2-5 所示。

（2）洪水组成比较。珠江"22.6"特大洪水期间，武宣站洪峰流量的整体规律与梧州站相似。从武宣站流量来看，西江第 4 号洪水最大，西江第 1 号洪水次之，西江第 3 号洪水最小。从洪水组成上看，西江第 1 号洪水中红水河和柳江来水相当；西江第 2 号和西江第 4 号洪水中柳江来水比例最大，占武宣次洪水量的 50%～60%；西江第 4 号洪水组成中，洛清江来水比例最大；区间来水比例则西江第 3 号洪水最大。珠江"22.6"特大洪水武宣站洪水组成统计见表 2-32。

3. 柳江柳州站

（1）洪峰水文要素比较。珠江"22.6"特大洪水期间，从柳州站的流量和水位来看，西江第2号洪水的洪峰水位和洪峰流量最大，西江第4号洪水次之，西江第1号洪水和西江第3号洪水相当且相对较小，珠江"22.6"特大洪水柳州站水位、流量过程如图2-6所示。

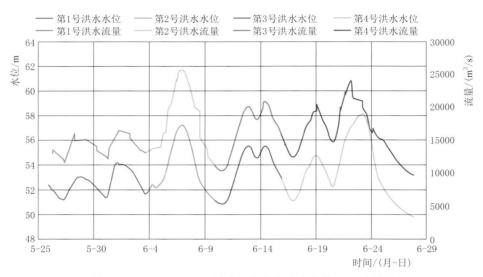

图2-5 珠江"22.6"特大洪水武宣站水位和流量过程图

表2-32 珠江"22.6"特大洪水武宣站洪水组成统计表

洪水场次	河名	站名	次洪水量 /亿 m³	占武宣次洪水量 比例/%	占武宣集水面积 比例/%
第1号洪水	红水河	迁江	45.8	40.0	64.9
	柳江	柳州	45.9	40.1	22.9
	洛清江	对亭	9.7	8.5	3.7
	区 间		13.3	11.4	8.6
	黔江	武宣	114.7	—	—
第2号洪水	红水河	迁江	29.1	31.7	65.6
	柳江	柳州	53.4	58.2	23.1
	洛清江	对亭	9.2	10.0	3.7
	区 间		0.001	0.1	7.6
	黔江	武宣	91.7	—	—
第3号洪水	红水河	迁江	40.5	46.9	65.6
	柳江	柳州	25.1	29.1	23.1
	洛清江	对亭	9.9	11.4	3.7
	区 间		11.0	12.6	7.6
	黔江	武宣	86.5	—	—

续表

洪水场次	河名	站名	次洪水量/亿 m³	占武宣次洪水量比例/%	占武宣集水面积比例/%
第4号洪水	红水河	迁江	52.2	31.6	65.6
	柳江	柳州	79.3	48.0	23.1
	洛清江	对亭	26.0	15.8	3.7
	区　间		7.6	4.6	7.6
	黔江	武宣	165.1	—	—

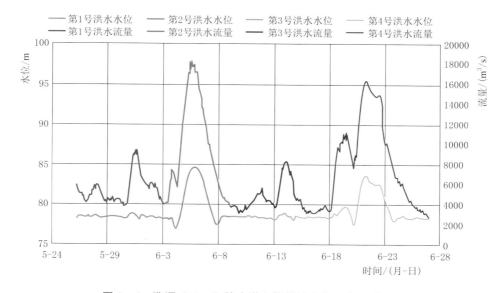

图 2-6　珠江"22.6"特大洪水柳州站水位、流量过程图

　　（2）洪水组成比较。因为西江第 1 号和西江第 3 号洪水中柳江来水相对较小，所以只对西江第 2 号和西江第 4 号柳江洪水组成进行分析，珠江"22.6"特大洪水柳州站洪水组成统计见表 2-33。两次洪水均以柳江干流融江来水为主，支流龙江来水次之，区间来水最小，且三部分来水比例相对稳定。

表 2-33　　　　　珠江"22.6"特大洪水柳州站洪水组成统计表

洪水场次	河名	站名	次洪水量/亿 m³	占柳州次洪水量比例/%	占柳州集水面积比例/%
第2号洪水	融江	融水	30.4	56.9	52.1
	龙江	三岔	15.9	29.8	35.8
	区　间		7.1	13.3	12.1
	柳江	柳州	53.4	—	—

续表

洪水场次	河名	站名	次洪水量 /亿 m³	占柳州次洪水量 比例/%	占柳州集水面积 比例/%
第4号洪水	融江	融水	40.0	50.5	52.1
	龙江	三岔	26.3	33.2	35.8
	区　间		13.0	16.3	12.1
	柳江	柳州	79.3	—	—

4. 桂江京南站

珠江"22.6"特大洪水期间，从桂江京南站的水位和流量来看，洪峰流量和水位逐次增大，西江第4号洪水最大，且西江第4号洪水桂江来水总量远大于其他3场，珠江"22.6"特大洪水京南站水位、流量过程如图2-7所示。

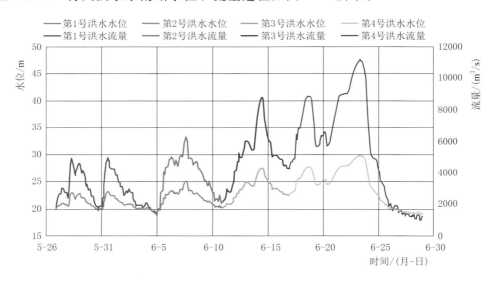

图 2-7　珠江"22.6"特大洪水京南站水位、流量过程图

（二）北江

1. 洪峰水文要素比较

2022年北江共发生3次编号洪水，石角站连续出现3次洪峰，每场洪水均是单峰型洪水；洪峰水位和流量都是北江第2号洪水最大，北江第3号洪水最小；洪水历时是北江第2号洪水最长，北江第3号洪水次之，珠江"22.6"特大洪水石角站水位、流量过程如图2-8所示。

2. 洪水成因比较

北江3次编号洪水的降雨成因不同，第1号和第2号洪水由锋面暴雨导致，而第3号洪水的成因是台风暴雨。

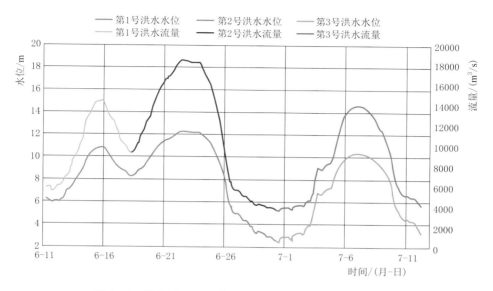

图 2-8 珠江"22.6"特大洪水石角站水位、流量过程图

3. 洪水组成与遭遇比较

2022 年北江 3 次编号洪水，主要以支流连江来水和区间来水为主，但 3 次石角站的洪水组成略有不同，北江第 1 号洪水主要来源于区间，连江来水次之；北江第 2 号洪水主要来源于连江和区间，且两者来水总量相当；北江第 3 号洪水主要来源于连江，区间来水次之。珠江"22.6"特大洪水北江洪水组成统计见表 2-34。北江第 1 号和北江第 2 号洪水中上游的浈江、武江和滃江来水比例大于北江第 3 号洪水；北江第 3 号洪水区间来水比例小于第 1 号和第 2 号洪水。

表 2-34 珠江"22.6"特大洪水北江洪水组成统计表

洪水场次	河名	站名	次洪水量 /亿 m³	占石角次洪水量 比例/%	占石角集水面积 比例/%
第 1 号洪水	浈江	新韶	7.0	11.5	19.7
	武江	犁市	8.2	13.4	18.2
	滃江	滃江	5.2	8.5	5.2
	连江	高道	15.8	25.7	22.4
	潖江	大庙峡	1.2	2	1.3
	滨江	珠坑	2.0	3.2	4.4
	区 间		22.1	35.7	28.8
	北江	石角	61.5	—	—

续表

洪水场次	河名	站名	次洪水量/亿 m³	占石角次洪水量比例/%	占石角集水面积比例/%
第2号洪水	浈江	新韶	19.0	15.9	19.7
	武江	犁市	14.8	12.4	18.2
	滃江	滃江	6.1	5.1	5.2
	连江	高道	39.1	32.8	22.4
	潖江	大庙峡	1.4	1.2	1.3
	滨江	珠坑	1.5	1.3	4.4
	区　间		37.4	31.3	28.8
	北江	石角	119.3	—	—
第3号洪水	浈江	新韶	7.9	9.7	19.7
	武江	犁市	8.9	11	18.2
	滃江	滃江	4.5	5.5	5.2
	连江	高道	32.4	39.7	22.4
	潖江	大庙峡	1.4	1.7	1.3
	滨江	珠坑	3.2	3.9	4.4
	区　间		23.1	28.5	28.8
	北江	石角	81.4	—	—

第三章

立足防大汛　扎实做足准备

2022 年汛前，气象水文部门预测，2022 年汛期珠江流域汛情可能偏重。针对西江、北江可能发生大洪水的防汛形势，珠江防总、珠江委及流域各省（自治区）认真贯彻落实水利部的部署要求，坚持人民至上、生命至上，切实强化风险意识、树牢底线思维，充分考虑水旱灾害的突发性、异常性、不确定性，立足防大汛、抗大险、救大灾，锚定"人员不伤亡、水库不垮坝、重要堤防不决口、重要基础设施不受冲击"的目标，对表对标《河南郑州"7·20"特大暴雨灾害调查报告》，检视流域水旱灾害防御存在的短板弱项，全面科学部署，深入排查消除风险隐患，修订完善方案预案、组织防洪调度演练、强化流域防洪统一调度，下好先手棋，打好主动仗，以防御措施的确定性应对水旱灾害的不确定性，为防御珠江"22.6"特大洪水，保障流域、重点区域和粤港澳大湾区防洪安全，确保人民群众生命财产安全奠定了坚实的基础。

第一节 全面部署迎汛备汛工作

党中央、国务院高度重视防汛工作，习近平总书记反复强调，防汛救灾工作要坚持人民至上、生命至上，切实把确保人民生命安全放在第一位落到实处。2022 年 4 月，李克强总理对防汛抗旱工作作出重要批示，强调防汛抗旱事关经济社会发展和安全稳定大局，在今年复杂严峻的国际国内环境下尤为重要；各地区各有关部门要以习近平新时代中国特色社会主义思想为指导，认真贯彻党中央、国务院决策部署，坚持人民至上、生命至上，统筹发展和安全，立足防大汛、抗大旱、抢大险、救大灾，以更高标准、更严要求、更实举措抓好各项工作。

国家防总、水利部和珠江防总、珠江委以及各级地方防指、水利部门认真贯彻落实习近平总书记重要指示精神和李克强总理批示要求，深入分析面临的防汛形势，提早谋划，超前部署，落细落实迎汛备汛各项工作。

一、国家防总、水利部部署要求

2022 年 3 月 16 日，国家防总副总指挥、水利部部长李国英主持召开水旱灾害防御工作视频会议，深入贯彻落实习近平总书记关于防汛救灾工作的重要指示精神，积极践行"两个坚持、三个转变"防灾减灾救灾理念，对 2022 年水旱灾害防御工作作出具体部署（图 3-1）。会议强调，必须始终牢记"国之大者"，更好统筹发展和安全，始终树牢总体国家安全观，坚持以防为主、防住为王，锚定"人员不伤亡、水库不垮坝、重要堤防不决口、重要基础设施不受冲击"的目标，坚决守住水旱灾害防御底线。

2022 年 4 月 14 日，国家防总组织召开全国防汛抗旱工作电视电话会议，国家防总总指挥、国务委员王勇出席会议并部署 2022 年防汛抗旱工作。会议强调，要深入

图 3-1　2022 年 3 月 16 日水利部水旱灾害防御工作视频会议现场

贯彻习近平总书记关于防汛抗旱和防灾减灾救灾工作的重要指示精神，落实李克强总理批示要求，按照党中央、国务院决策部署，把确保人民群众生命财产安全放在第一位，强化组织领导，周密部署安排，扎实做好防汛备汛各项工作，严密防范应对各类水旱灾害，为党的二十大胜利召开营造安全稳定环境。会议要求，各地区各级防指要立足防大汛、抗大旱、抢大险、救大灾，逐级压紧压实责任，强化预测预报和会商研判，及时发布预警信息；紧盯江河洪水、城市内涝和山洪、台风等重大风险；深入排查整治各类隐患，完善应急预案，进一步健全防汛抗旱体制机制，加强实战化演练；加快补齐防汛排涝工程设施短板弱项，统筹做好抗旱保供水工作，提升基层应急处突能力，全力确保安全度汛。

二、珠江防总、珠江委及流域各省（自治区）工作部署

2022 年汛前，珠江委党组多次召开专题会议，认真学习领会水利部水旱灾害防御工作会议精神、相关通知部署要求以及《河南郑州"7·20"特大暴雨灾害调查报告》，系统总结流域水旱灾害防御工作，深入分析面临的形势和任务，要求强化党政同责、一岗双责，切实增强底线意识、忧患意识、责任意识和担当意识，时刻把人民群众生命财产安全放在最重要的位置，抓实抓细水旱灾害防御各项工作。

2022 年 3 月 3 日，珠江防总常务副总指挥、珠江委主任王宝恩主持召开 2022 年珠江委水旱灾害防御工作会议（图 3-2），认真贯彻落实水利部部署要求，深入分析 2022 年珠江水旱灾害防御形势，对防汛备汛工作作出具体安排。会议要求各部门、各单位要把确保人民群众生命财产安全作为评判水旱灾害防御工作成效的根本标准，坚持"防住为王"，防汛要做到"四不"，抗旱要做到"两个确保"，为保持平稳健康的经济环境、国泰民安的社会环境提供坚实的水安全保障。

2022 年 4 月 15 日，珠江防总召开 2022 年工作会议（图 3-3），珠江防总总指挥、

图 3-2　2022 年 3 月 3 日珠江委 2022 年水旱灾害防御工作会议现场

（a）珠江防总2022年工作会议（广西分会场）

（b）珠江防总2022年工作会议（珠江委分会场）

图 3-3　2022 年 4 月 15 日珠江防总 2022 年工作会议现场

广西壮族自治区主席蓝天立，水利部副部长刘伟平及广东省副省长孙志洋、福建省副省长康涛、海南省副省长刘平治以及云南、贵州省政府有关负责同志出席会议。会议强调，防汛救灾关系人民生命财产安全，关系粮食安全、经济安全、社会安全、国家安全，要始终坚持人民至上、生命至上，全面强化流域统一指挥、统一调度，坚持"流域一盘棋"，珠江防总和流域各省（自治区）加强协调配合，形成防汛抗旱强大合力，全力以赴做好2022年珠江防汛抗旱工作，确保人民群众生命财产安全。

5月5日，珠江委印发《珠江委贯彻落实水利部2022年水旱灾害防御工作会议重点工作分工方案》，提出44项水旱灾害防御重点工作任务，明确工作目标和时间节点，压茬推进，确保各项工作高质高效落实。

流域各级防指、水利部门及早召开防汛工作会议、水旱灾害防御会议、水库安全度汛会议、山洪灾害防御工作会议等，对责任制落实、防洪安全隐患排查、监测预报预警、水工程调度运用准备、工程安全度汛、防汛应急预案修订、山洪灾害防御、防汛通信网络和业务系统运行保障、值班值守准备等提出具体要求。其中，3月23日，福建省委常委、常务副省长郭宁宁主持召开全省防汛抗旱工作会议，安排部署防汛救灾工作。3月25日，广东省委常委、常务副省长、省防总总指挥张虎主持召开全省三防工作会议，研究部署2022年三防重点工作。4月25日，广西壮族自治区主席蓝天立主持召开防汛抗旱指挥部全体会议暨全区防汛抗旱工作电视电话会议，全面部署2022年防汛抗旱工作。

第二节　深入开展汛前检查和隐患排查

国家防总、水利部和珠江防总、珠江委及流域各省（自治区）坚持目标导向、问题导向、结果导向，统筹发展和安全，深入开展度汛安全隐患排查整治。通过组织线上会议或派出工作组深入开展汛前检查，全面细致排查风险隐患，同时将山洪灾害防御、小水电运行安全、水库防洪调度运用和汛限水位执行等各类风险隐患排查贯穿于水旱灾害防御全过程，及时督促有关部门落实责任，确保工程安全度汛，确保能够充分发挥防洪减灾作用，确保人民群众生命财产安全。

一、流域汛前检查

（一）国家防总珠江流域汛前检查

2022年5月17日，水利部副部长刘伟平主持国家防总珠江流域防汛备汛线上检查，对广东、广西备汛情况进行检查。通过视频连线询问、查询相关文档、图片、视频等方式，重点检查防汛抗旱责任落实、预案修订与应急演练、预警与应急响应联动机制建立健全、隐患排查整治、抢险物资和队伍准备等方面情况；重点抽查市级有关部门落实城市防洪排涝、城市基层防汛队伍组织能力建设等方面情况。针对检查发现的问题，国家防总、水利部明确要求各级防指及有关部门建立风险隐患和薄弱环节问题清单、责任清单、整改清单和工作台账，明确完成时限，确保及时消除安全隐患。

（二）珠江防总、珠江委汛前检查

2月中旬，珠江防总、珠江委及早谋划汛前检查工作，组织制定珠江汛前检查和汛期工作组工作方案，明确各单位、各部门任务分工，结合《河南郑州"7·20"特大暴雨灾害调查报告》，以案促学组织业务培训，着力提升检查工作质效。

3月中旬起，珠江防总、珠江委科学有序推进云南、贵州、广西、广东、福建、海南以及国家重点水文站及湛江蓄滞洪区等防洪重点工程迎汛备汛现场检查、督查工作（图3-4）。重点督促各地落实水库"三个责任人"，加快水毁工程设施修复，排查水库大坝、溢洪道、放空设施等关键部位及山洪灾害防御等安全隐患，为确保水工程正常发挥作用、提升山洪灾害防御能力奠定了坚实基础。累计抽查25座已建水利工程、9座在建水利工程项目、8个山洪灾害防御点，共发现116个安全隐患问题。

图3-4　珠江防总常务副总指挥、珠江委主任王宝恩在天河水文站检查工作

针对发现的防汛薄弱环节和安全隐患，珠江委逐项分析研究，共提出116条整改建议，"一省一单"发出整改通知，要求限期落实整改，及时消除度汛隐患。同时，严格落实闭环管理，建立度汛隐患、薄弱环节台账，定期跟踪整改措施落实情况，组织开展"回头看"专项行动，确保全面消除度汛安全隐患。

（三）流域省（自治区）汛前检查

流域各省（自治区）高度重视汛前检查工作，及时印发工作通知及方案，通过属地（行业）自查、主管部门核查、上级水行政主管部门督查等方式，重点排查了水库大坝、溢洪道、放空设施、堤防、涵闸、水文测报、检测设备等关键部位或关键设施安全隐患，并对发现的问题进行全面梳理，制定整改台账，督促逐条逐项限时整改，消除安全隐患。其中，广西统筹疫情防控要求，基于"互联网＋"督查检查的形式，累计排查大中型水库 298 座、小型水库 4000 多座，发现问题 1063 处。广东及早启动全省防汛安全大检查，排查水利工程约 4.2 万多座次，发现隐患问题 1500 余项。福建坚持规划下沉、服务下沉、干部下沉"三下沉"工作法，全面开展度汛安全检查，累计组织隐患排查 7.04 万人次，查出问题隐患 4478 个。

二、持续开展安全隐患排查

珠江委及流域各省（自治区）及早制定安全隐患排查专项工作方案，明确工作目标，统筹各部门、各单位业务特点及技术优势，持续深入梳理薄弱点、排查风险、解决隐患，确保万无一失。

1. 山洪灾害防御风险隐患排查整治

按照水利部关于山洪灾害防御监督检查工作的统一部署，珠江委及流域各省（自治区）围绕山洪灾害防御存在的短板弱项和薄弱环节，及早开展风险隐患排查。其中，珠江委派出检查组 17 批次、47 人次持续开展山洪灾害防御监督检查（图 3-5），共检查 15 个平台、52 个自动雨量或水位监测站点，发现问题 25 个；广西派出检查组 26 批次、84 人次，现场抽查各类山洪监测设施 39 项，核实各类问题 11 个，新发现安全隐患 9 个；广东采取自查、抽查和线上检查相结合的方式，对 5387 个山洪监测站、108 个山洪监测预警网络及山洪灾害监测预警平台、42275 项预警责任落实情况进行隐患排查。针对排查发现的问题，建立危险动态管理清单，压紧压实问题隐患整改责任。

图 3-5 珠江防总秘书长、珠江委副主任胥加仕在贵州检查山洪灾害防御工作

2. 小型病险水库除险加固

按照水利部的统一部署，珠江委及流域各省（自治区）采用线上调度加线下督导方式，持续强化小型病险水库安全度汛监管，重点抽查强降雨覆盖区、台风路径影响区且正在施工的病险水库，督促加快推进除险加固工作。其中，珠江委派出检查组 12 批次、30 人次，现场检查了 35 个项目的施工进度及质量安全管理等情况；广西累计开展督促整改 19 次，检查工作进展 12 次；广东抽查除险加固项目 453 项，发现问题 767 个。针对排查发现的问题，检查组创新运用"组内地"联合监督检查机制，通过函告通知整改、信用扣分等方式，督促项目建设进度，加强安全隐患排查整治，确保度汛安全（图 3-6）。

图 3-6　珠江委现场检查广东清远连州市黄塘水库

3. 水利工程风险隐患排查整治

按照水利部统一部署，珠江委及流域各省（自治区）切实加强领导，精心组织实施水利工程风险隐患排查整治工作（图 3-7）。其中，珠江委派出检查组 25 批次、69 人次，开展水利工程风险隐患排查整治抽查工作，现场抽查各类水利设施 492 项，核实各类问题 876 个，新发现安全隐患 165 个；广西派出检查组 26 批次、84 人次，现场抽查各类水利设施 69 项，核实各类问题 162 个，新发现安全隐患 21 个；广东采取明察和暗访相结合的方式，分多批次开展水利工程隐患排查。针对发现的风险隐患，检查组现场指导解决突出问题，建立安全隐患排查清单，持续跟踪督促落实整改措施，确保及时消除隐患。

4. 小水电运行安全风险隐患排查治理

按照水利部关于小水电安全生产与清理整改监督检查工作的统一部署，采用重点抽查与督导检查相结合的形式开展隐患排查（图 3-8）。其中，珠江委共派出 8 个工作组先后对流域内 140 座农村小水电开展安全生产监督检查，详细了解小水电运行

图 3-7 珠江委在现场督导广东省西江干流治理工程

安全风险隐患排查治理情况，共发现问题 747 个；广西派出检查组 26 批次、84 人次，现场抽查小水电设施 69 项，核实各类问题 203 个，新发现安全隐患 47 个；广东派出多批次检查组，现场抽查小水电站 36 座，重点关注电站水工建筑物和金属结构、设备设施情况，发现安全隐患共 204 个。检查组及时反馈检查发现的问题，督促各级水行政主管部门加强小水电安全生产管理，迅速制定整改措施，及时消除安全隐患。

图 3-8 珠江委检查小水电运行安全风险隐患现场

5. 水库防洪调度和汛限水位执行监督检查

按照水利部的统一部署，针对调度方案制定及批复备案、调度指令下达及执行情况、调度信息发布与报送、调度信息记录等方面开展水库防洪调度监督检查，重点检查汛限水位调整和复核、汛限水位上报、汛限水位控制运行等方面的执行情况。

珠江委派出检查组 27 批次、66 人次，开展水库防洪调度和汛限水位执行专项检查工作，共检查水库 110 座，发现各类问题 40 项；广西派出检查组 26 批次、84 人次，现场抽查各类水库 31 座，核实各类问题 74 个，新发现安全隐患 6 个；广东派出 8 个检查组、63 人次，现场抽查各类水利设施 21 项，新发现安全隐患 17 个。针对存在的问题，及时印发整改通知，督促指导有关地方规范水库防洪调度和汛限水位执行工作。

6. 妨碍河道行洪整治

按照水利部的统一部署，珠江委及流域组织各省（自治区）开展流域重要行洪河道妨碍河道行洪突出问题重点核查，指导督促地方完成第一次全国水利普查名录内河道全面排查工作。其中，珠江委科学制订工作方案并上报水利部，及时召开工作启动及培训会，持续组织精干力量，先后派出工作组 32 批次、100 余人次，对柳江、郁江、西江、北江、东江、韩江干流，珠江河口及三角洲主干河道等 1500km 流域重要行洪河道开展重点核查，并与地方河长办进行座谈沟通，核实妨碍河道行洪突出问题 251 个。结合河道行洪情况，组织开展流域大江大河干流及其主要支流河道行洪能力复核。广西 2022 年 5 月发布第 6 号总河长令，持续开展妨碍河道行洪突出问题大排查大整治，累计排查河段 4 万余 km，核实妨碍河道行洪问题 207 个。广东 2022 年 3 月发布第 1 号总河长令，及时组织重要江河河段行洪能力核查，累计排查妨碍河道行洪问题 652 个。针对西江干流等重要行洪河道阻水严重问题，按照"日报告、周调度、旬核查"工作机制，建立每日清拆台账，持续指导督促有关地方落细落实各项整改措施，倒排工期、压茬推进，在主汛期来临前全部整改完成，确保流域重要河道行洪通畅。

第三节　修订完善方案预案及应急响应机制

珠江防总、珠江委及流域各省（自治区）防指、水利部门深刻剖析河南郑州"7·20"特大暴雨灾害事件经验教训，认真梳理和修订完善水工程调度运用各类方案预案，确保关键时刻管用、好用；立足"最不利情况"，及时修订完善水旱灾害防御应急预案或应急响应工作规程，科学设置响应条件、量化启动标准、健全联动机制，实现关口前移，变"过去完成时"为"将来进行时"。

一、修订完善方案预案

珠江委及流域各省（自治区）针对重点地区或城市防洪安全保障、水利工程安全度汛、超标准洪水防御、水工程汛期调度运用等重点工作，结合水旱灾害防御实际，及早组织修订编制各类方案预案，提高方案预案的针对性和可操作性，为有效应对不同等级暴雨洪水提供有力支撑（图3-9）。

图3-9　修订的部分方案预案

珠江委组织修编年度粤港澳大湾区防洪安全保障方案、大藤峡水利枢纽度汛安全保障方案、2022年珠江超标洪水防御预案、2022年韩江超标洪水防御预案以及2022年贺江超标洪水防御预案等方案预案，指导编制大藤峡水利枢纽、百色水利枢纽应急抢险预案和汛期调度运用方案，持续优化珠江水利工程体系调度运用。同时，会同广西、广东、福建水利厅落实龙滩、大藤峡、百色、棉花滩、落久、老口、高陂等水库临时淹没实物指标调查和汛期水库高水位防洪调度运用应急预案编制，编制完善库区人员转移预案，确保防洪库容能及时安全有效运用；指导完善澧江蓄滞洪区应急运用预案，确保蓄滞洪区能够正常启用，实现"分得进、蓄得住、退得出"的目标，充分发挥防洪减灾作用。

流域各省（自治区）组织修编完善各级水旱灾害防御各类方案预案。其中，广西对在建工程安全度汛方案、山洪灾害防御预案、城镇超标洪水防御预案、水文监测应急预案等方案预案修订提出具体要求。广东及时组织北江干流、西北江三角洲防御洪水方案、蓄滞洪区运用预案等方案预案编制、审批及备案工作。福建完成1.5万多个行政村村级防汛预案修订，完成3634座水库汛期防洪调度运用计划和防洪抢险应急预案的修编及审批。

二、优化应急响应机制

珠江委及流域各省（自治区）结合工作实际，以落实具体责任、优化响应联动机制、细化行动措施为重点，修订完善应急响应预案或工作规程，进一步增强了实用性、可操作性。预案修订与制度健全相结合，细化实化流域防总、地方各级防指指挥长和各有关部门及相关单位具体责任，确保责任落实到岗到人，关键时刻统一指挥有序、有效；按照变"过去完成时"为"将来进行时"的思路，健全气象预警与启动应急响应联动机制，增加以预报或实况降雨强度、影响覆盖范围、气象预警等条件作为启动应急响应的判定依据，为应急响应启动后各项防御措施落实预留更多应对时间；量化主要江河控制站或水库来水、降雨量等具体指标，细化规范会商研判、文件下发上报、指挥调度、工作组和专家组派出、预测预报、预警发布、宣传发布等流程，提高应急响应的可操作性；理顺流域与区域间的沟通协调、信息报送机制，确保应急响应机制的顺畅衔接、高效运转。

第四节　开展防洪调度演练

　　珠江防总、珠江委按照"今天的模拟预演即是明天的防御方案"的要求，扎实开展实战化防洪调度演练，着力强化"四预"措施，重点考验各相关部门、单位防洪指挥作战和调度决策水平，检验珠江水工程联合调度方案、超标洪水防御预案的实用性和可操作性，为系统性调度应对流域大洪水做好准备。

　　2022年5月，珠江防总、珠江委组织开展2022年珠江流域防洪调度演练（图3-10）。演练以目前水利工程正常调度运用现状为基础，选取"98.6"历史典型洪水为背景，考虑降雨量分别增加10%、15%等不利情况，运用珠江水旱灾害防御"四预"平台，基于预报模型、调度模型、淹没模型以及高精度的地形数据，对雨水情预测预报、工程调度、河道及蓄滞洪区行蓄洪与受灾范围等情况进行模拟预演，贯穿雨水

（a）防洪调度演练　　　　　　　　　　　　　　（b）水文应急监测演练

图3-10　珠江流域防洪调度及水文应急监测演练

情预测预报、调度方案预演、直管工程洪水应对情况、决策过程等关键环节，强化洪水预报、预警、预演、预案的全链条管理，全方位检验防洪调度和工程应急抢险处置能力。同时，在蕉门水道南沙断面附近水域组织开展水文应急监测演练，进一步支撑流域防洪调度工作。

第五节　强化流域防洪统一调度管理

按照水利部关于强化流域治理管理的要求，珠江防总、珠江委积极推进流域统一调度，进一步明确流域水工程调度原则、权限，规范流域各类水工程调度运用与管理，推动建立健全流域统一指挥、分级负责、协调各方的调度工作机制和跨省江河安全度汛的协调机制，为系统、高效调度流域水工程体系，充分发挥防灾减灾效益提供了有力支撑。

一、规范水工程汛期安全调度运用

（1）批复流域重点水库汛期调度运用计划。珠江委审批下达天生桥一级、天生桥二级、龙滩、岩滩、大藤峡、长洲、百色、合面狮、鲁布革、平班、万家口子等11座流域重点防洪水库汛期调度运用计划，明确了重点水库汛期限制水位，厘清了各个水库的调度权限，为汛期水库安全度汛、科学调度提供了保障，为加强水库汛限水位监督管理提供了依据。

（2）督促指导流域骨干水库腾空迎汛。汛前，珠江委与流域各省（自治区）团结协作、精心组织，统筹做好水库削落调度，督促指导流域重点及省界水库腾空库容178亿 m³，为迎战汛期大洪水，充分发挥水工程防洪作用做好准备。

（3）指导潖江蓄滞洪区做好调度运用准备。潖江蓄滞洪区是北江中下游防洪工程体系的重要组成部分，2022年正在进行蓄滞洪区工程建设。为确保工程施工安全以及能够正常启用蓄滞洪区，珠江防总、珠江委会同广东防指、水利厅指导相关部门进一步复核启用条件、退水时机、运用程序等，修订完善潖江蓄滞洪区调度运用应急预案，为调度运用做好准备。

（4）加强水库安全水位运行管理。珠江委督促指导龙滩、大藤峡、百色、棉花滩等流域重点水库及时摸清库区情况，研究制定2022年汛期水库高水位防洪调度运用的应急预案，尤其是落实好人员转移预案，做好防洪调度运用准备，确保防洪库容正常运用，确保人民群众生命财产安全。

各有关省（自治区）全面加强调度运用管理，各水工程管理单位严格执行批复的汛期调度运用计划，确保了流域水工程体系在2022年汛期迎战多轮暴雨洪水过程中能够充分发挥防洪作用。

二、完善流域防洪调度协调机制

（1）健全流域防总机构。将交通运输部珠江航务管理局、南方电网纳入珠江防汛抗旱总指挥部成员单位，进一步强化珠江防总的组织协调作用。

（2）建立流域多目标调度协调机制。珠江委积极协调有关方面，建立涵盖发改、水利、工信及电网等部门、行业的调度协调、联合会商、信息共享机制，统筹流域多目标综合调度。

（3）完善跨省河流安全度汛协调机制。4月下旬和5月上旬，珠江委先后组织召开跨省河流贺江、韩江安全度汛协调会议（图3－11），进一步完善以预警发布、调度协调、信息共享等方面为重点的跨省江河安全度汛协调机制。同时，对上下游共同关注的行洪卡口河段堤防工程建设、妨碍河道行洪突出问题排查整治、防汛应急预案和相关水工程调度运用预案修订等问题，进行部署落实，消除度汛隐患，提高防洪能力。

（a）贺江安全度汛协调会　　　　　　　　　　（b）韩江安全度汛协调会

图3－11　跨省河流安全度汛协调工作会议

第六节　提早投入汛期工作状态

3月17日，水利部宣布全国入汛后，珠江防总、珠江委及流域各省（自治区）以"时时放心不下"的责任感，在做好防汛准备工作的同时，同步进入汛期工作状态，绷紧防大汛、抗大洪这根弦，启动24小时防汛值班值守，密切关注流域雨情、水情、险情、灾情"四情"动态，强化预报、预警、预演、预案"四预"措施，紧盯防汛重点关节和薄弱环节，严肃防汛纪律，确保组织到位、责任落实到位、防御措施到位、人员队伍到位，做好迎战流域大洪水的各项准备工作（图 3 - 12）。

图 3 - 12　值班人员坚守工作岗位

第四章

科学指挥部署
迎战珠江"22.6"特大洪水

国家防总、水利部和流域有关省（自治区）党委、政府认真贯彻习近平总书记关于防汛救灾工作的重要指示和李克强总理的批示要求，积极践行"两个坚持、三个转变"防灾减灾救灾理念，坚持人民至上、生命至上，坚决落实党政同责、一岗双责和防汛抗旱行政首长负责制，立足于防大汛、抗大险、救大灾，党政主要领导统一指挥、靠前指挥、坐镇指挥，全面落实事前、事中、事后领导责任，科学部署、组织动员各方力量开展防汛抗洪救灾工作。珠江防总、珠江委及流域有关省（自治区）防指、水利部门坚持以防为主，关口前移，坚持流域一盘棋，强化"四预"措施，科学决策，统一调度，有力有序有效应对珠江"22.6"特大洪水。

根据汛情的发展变化，珠江"22.6"特大洪水主要有发展期、关键期和退水期三个阶段。

第一节　洪水发展期应对部署

珠江"22.6"特大洪水发展期主要有两个阶段。第一阶段，5月下旬至6月上旬，西江中北部的强降雨导致西江连续发生两次编号洪水；第二阶段，6月10—15日前后，流域降雨范围由西江扩大至北江、韩江，导致西江发生第3号洪水，同时北江、韩江分别发生第1号洪水。

一、第一阶段：西江接连发生第1号和第2号洪水

（一）汛情发展

5月下旬至6月上旬，珠江流域出现旱涝急转，降雨过程持续不断，但降雨落区摆动不定，强度不断变化。5月20日起，流域出现自西向东持续性、大范围强降雨过程，随后降雨集中落在西江中上游，并再次自西向东移动，降雨强度经历了加强、减弱与再加强的变化。受其影响，珠江流域西江接连发生两次编号洪水。5月30日，西江上游龙滩水库入库流量开始起涨，5月30日11时达到了编号标准，西江上游发生了2022年第1号洪水，也是2022年全国首个编号洪水，6月5日，西江干流水位止落回涨，6月6日17时，西江发生了2022年第2号洪水。

（二）防汛形势

此阶段，西江干流汛情总体可控，局部地区度汛压力较大。西江第1号和第2号洪水主要是西江中上游型洪水，洪水量级均在西江主要堤防防洪标准以内，同时在汛前实施骨干水库削落水位调度，防洪库容充足，通过科学调度西江中上游水库拦洪，西江干流防洪保安形势总体可控，主要风险是强降雨导致的部分支流、中小河流洪水和山洪灾害防御、中小水库安全度汛压力较大。

（三）应对部署

国家防总、水利部高度重视，国家防总副总指挥、水利部部长李国英和水利部副部长刘伟平多次组织防汛会商，滚动分析研判珠江流域防洪形势，要求科学调度珠江流域骨干水库拦洪，同时突出抓好中小河流和山洪灾害防御工作（图4－1）。根据会商部署，水利部办公厅及防御司多次发出通知，有针对性地部署防御工作。针对西江两次编号洪水，国家防总、水利部及时启动防汛、洪水防御Ⅳ级、Ⅲ级应急响应。

图4－1　2022年6月1日李国英主持防汛会商

广西壮族自治区党委、政府主要领导靠前指挥，部署防御工作。广西壮族自治区党委书记刘宁先后两次主持召开专题会议，研究部署"龙舟水"防御工作，并深入来宾市忻城县一线实地检查指导防汛救灾工作；珠江防总总指挥、广西壮族自治区主席蓝天立深入梧州市防汛一线对防汛救灾工作进行指导调研。

珠江防总、珠江委和广西、广东两省（自治区）水利部门认真贯彻水利部和广西、广东两省（自治区）党委政府的部署要求，密切监视流域雨情、水情、工情，珠江防总常务副总指挥、珠江委主任王宝恩多次主持会商，会同广西壮族自治区水利厅研究制定西江洪水调度方案。根据洪水演进过程，及时下达调度令，调度光照、天生桥一级、龙滩、百色、大藤峡等水库拦洪、削峰，全力减轻西江防洪压力。同时，珠江委根据防汛形势发展，每日向有关省（自治区）发出汛情通报，提醒指导做好水库安全度汛、山洪灾害和中小河流洪水防御工作，提前转移受威胁地区人员，确保人民群众生命安全。

二、第二阶段：西江、北江、韩江同时发生编号洪水

（一）汛情发展

6月10日开始，流域大部分地区再次迎来强降雨过程，暴雨中心主要位于西江

中下游、北江、韩江等地，且预计未来十天，强降雨仍将持续，降雨落区部分与前期重叠。受降雨影响，西江干流控制站梧州站水位复涨，6月12日20时，西江发生2022年第3号洪水；13日14时，韩江发生2022年第1号洪水；14日11时，北江发生2022年第1号洪水。

（二）防汛形势

此阶段，流域防汛形势日趋紧张。一是西江、北江、韩江同时发生洪水，流域防汛面临多线作战；二是流域骨干水库因拦蓄西江前两次编号洪水，防洪库容已部分使用；三是受持续降雨影响，干支流江河水库水位、土壤含水普遍较高，山洪灾害、中小河流洪水防御和中小水库安全度汛压力进一步加大；四是根据气象水文预测，未来十天降雨中心将稳定在珠江流域摆动，后期洪水发展不确定性增加。

（三）应对部署

国家防总、水利部及地方党委、政府高位部署、科学推进，国家防总总指挥、国务委员王勇及水利部、广西、广东党委、政府主要领导靠前指挥，深入一线现场指导，有针对性地部署防汛抗洪工作。珠江防总、珠江委及有关省（自治区）防指、水利部门加强会商研判，强化"四预"措施，及时启动应急响应，细化落实各项应对措施。

1. 领导靠前指挥

（1）王勇国务委员、李国英部长赶赴珠江防汛一线现场指导。6月9—10日，王勇国务委员亲自带队先后赶赴珠江流域的暴雨中心广西桂江、柳江等地和珠江防总西江调度指挥中心，现场指导部署当前和下一阶段珠江洪水防御工作。王勇国务委员强调，当前正值防汛关键期，要进一步加强雨情汛情监测预警，严密防范应对新一轮降雨过程，流域防总和有关地区要加强统筹协调配合，科学精准调度水利工程，千方百计确保流域安全度汛，坚决打好打赢防汛救灾主动仗。各有关单位要进一步完善措施，科学组织做好"四预"，全力以赴地做好防大汛、抗大险、救大灾的各项准备。李国英部长及水利部、应急部有关负责同志一同参加检查。

李国英部长要求，珠江防总、珠江委和有关省（自治区）要认真贯彻王勇国务委员的部署要求，坚持"预防在先"，锚定"人员不伤亡、水库不垮坝、重要堤防不决口、重要基础设施不受冲击"的目标，进一步解构防御目标和重点，做好下一阶段洪水防御工作。

（2）广西壮族自治区党委、政府主要领导坐镇指挥。广西大部分地区降雨持续，西江干流维持高水位，桂江、柳江等主要支流水位快速上涨。6月11日，广西壮族自治区党委书记刘宁，珠江防总总指挥、广西壮族自治区主席蓝天立召开全区防汛工作视频调度会，学习贯彻习近平总书记在四川视察时对防汛救灾工作的重要指示精神和王勇国务委员在珠江防汛检查时的要求，分析研判当前防汛形势，研究部署新一轮强降雨防御工作。6月13日，刘宁书记再次主持自治区党委常委会，对防汛工作再研究再部署。

（3）广东省委、省政府主要领导赶赴重点地区现场指挥。广东境内西江、北江、韩江及珠江三角洲等地防汛形势日趋紧张，部分地区发生较为严重的洪涝灾害。6月15日，广东省委书记李希赶赴广州、惠州等市，深入水文监测站、水库大坝、地质灾害点、群众转移安置点进行督导检查。同日，广东省省长王伟中赶赴韶关市翁源县，实地察看灾情，慰问受灾群众，现场指导防汛抢险救灾工作。

（4）福建省委主要领导坐镇指挥。6月13日，韩江发生编号洪水后，韩江上游福建境内仍持续有强降雨过程。福建省委书记尹力在省防指坐镇指挥，了解当前雨情、汛情、灾情，并视频连线龙岩等地，对全省防汛救灾工作进行再检查再部署。

2. 滚动会商部署

（1）水利部加强会商研判，针对性部署防御工作。6月13日，受李国英部长委托，刘伟平副部长主持会商，视频连线珠江委，要求科学制定西江、北江和韩江洪水防御方案，科学实施水库群联合调度。6月14日，李国英部长主持召开水利部部务会，传达习近平总书记在四川考察时的重要指示精神，进一步研判珠江流域防汛形势，要求珠江委会同有关省（自治区）滚动优化洪水调度方案，坚持以流域为单元，精准调度河道及堤防、水库、蓄滞洪区等防洪工程，充分发挥流域防洪工程体系的防洪减灾作用。

此外，水利部多次向珠江委及有关省（自治区）水利厅下发通知，要求强化"四预"措施，科学调度流域水库，强化水库安全度汛、中小河流洪水及山洪灾害防御，加强应急值守及信息报送等工作。

（2）珠江防总、珠江委及有关省（自治区）会商研判，实施水库防洪调度。珠江防总、珠江委及广西、广东和福建省（自治区）水利厅认真落实水利部及各省（自治区）党委政府的部署要求，紧盯流域雨情、水情、险情、灾情变化，坚持每日会商，从最不利情况出发，研究制定西江、北江和韩江洪水防御方案（图4-2、图4-3）。重点部署做好西江中上游的龙滩、岩滩、百色以及韩江棉花滩等重点水库调度工作，全力减轻西江、韩江下游的防洪压力。同时，珠江委按照"预警直达一线"的要求，每日及时向重点地区发出汛情通报，指导做好防御工作。

3. 启动应急响应

（1）国家防总、水利部。针对珠江流域防御形势，国家防总维持防汛Ⅲ级应急响应，水利部于6月12日12时启动洪水防御Ⅳ级应急响应，根据汛情发展，6月13日22时将应急响应提升至Ⅲ级，并迅即派出两个工作组前往珠江流域指导防汛工作。

（2）珠江防总、珠江委。珠江委于6月12日11时启动水旱灾害防御Ⅳ级应急响应，6月13日12时将应急响应提升至Ⅲ级，派出5个工作组、暗访组，协助指导地方开展防御工作，压紧压实防汛责任。

（3）有关省（自治区）。福建省防指6月12日7时将防暴雨应急响应提升为Ⅲ级；

图 4 - 2　2022 年 6 月 13 日王宝恩主持防汛会商

图 4 - 3　2022 年 6 月 14 日珠江委与福建省水利厅联合会商

广西壮族自治区水利厅于 6 月 11 日 15 时启动洪水防御Ⅳ级应急响应，6 月 12 日 19 时将洪水防御Ⅳ级应急响应提升为Ⅲ级；广东省水利厅于 6 月 13 日 9 时启动防汛Ⅳ级应急响应，6 月 14 日 11 时将应急响应提升至Ⅲ级。福建、广东、广西等省（自治区）及时向重点地区派出了工作组和督导组督促指导防御工作。

第二节　洪水关键期应对部署

　　珠江"22.6"特大洪水关键期主要有两个阶段。第一阶段，6 月 16—18 日，强降雨在珠江流域中北部摆动，西江洪水维持高水位运行，北江洪水开始起涨。第二阶段，6 月 19—22 日，暴雨中心开始东移至桂江、贺江和北江中上游一带，北江汛情急剧发展，发生特大洪水，西江发生第 4 号洪水。

一、第一阶段：西江维持高水位，北江洪水起涨

（一）汛情发展变化

6 月 16—18 日，流域大部分地区再次迎来暴雨过程，降雨中心在柳江、桂江至北江上游一带来回摆动，西江水位继续维持高水位并逐渐上涨，北江水位在经历第 1 号洪水回落后，开始起涨。

（二）防汛形势

此阶段，西江洪水防御形势更加严峻，北江防汛压力逐渐增加。一是西江经历 3 次编号洪水，持续维持高水位运行并逐渐上涨，将发生西江第 4 号洪水，且预测后期洪水量级有可能达到 50 年一遇，接近西江中下游主要堤防的防洪标准；二是北江将发生第 2 号洪水，可能与西江洪水遭遇；三是西江水库群经历防御西江 3 次编号洪水后，可用防洪库容进一步减少；四是为应对西江、北江洪水发展的不确定性，必须系统调度全流域水库群，难度很大；五是中小河流发生超标准洪水、发生山洪灾害的风险进一步增加，中小水库安全度汛压力进一步增大。

（三）应对部署

1. 水利部周密部署，制定"四个链条"防御措施

水利部高度重视珠江流域防汛工作，紧盯西江、北江汛情发展变化，周密安排洪水防御措施。

6 月 16 日，国家防总副总指挥、水利部部长李国英主持防汛会商，视频连线珠江委和广东省水利厅，研究珠江流域洪水防御应对措施（图 4-4）。李国英部长提出"降雨—产流—汇流—演进、总量—洪峰—过程—调度、流域—干流—支流—断面、技术—料物—队伍—组织"四个链条，要求坚持底线思维、极限思维，立足防大汛、抢大险、救大灾，精准管控洪水防御的全过程、各环节，构建纵向到底横向到边的防御矩阵。

图 4-4　2022 年 6 月 16 日李国英主持防汛会商，视频连线珠江委、广东省水利厅

6月16日下午和6月17日，国家防总秘书长、应急部副部长兼水利部副部长周学文和水利部副部长刘伟平分别主持会商，视频连线珠江委，滚动分析研判西江洪水发展态势，进一步落实"四个链条"防御措施，研究制定西江洪水防御方案。

2. 广西壮族自治区党委、政府统一指挥，全面动员迎战洪水

6月16日开始，广西境内西江干支流防汛形势进一步加剧，广西壮族自治区党委、政府主要领导靠前指挥、坐镇指挥，要求在外学习、出差的自治区党委常委同志、政府副主席提前返岗，全面投入防汛救灾工作。广西、广东两省（自治区）党委、政府领导坚持一岗双责、党政同责，坐镇指挥、现场指挥、掌握全局，全面部署洪水防御工作。

（1）自治区党委主要领导坐镇指挥，并深入一线现场指挥。6月16日，广西壮族自治区党委书记刘宁在自治区防指坐镇指挥，部署新一轮强降雨防御工作。刘宁书记强调，当前广西正经历新一轮强降雨天气过程，部分地区将有大暴雨、局部出现特大暴雨，中小河流及流域性大洪水或特大洪水发生可能性大，山洪地质灾害风险极高；防汛救灾是当前第一位的任务，各级党委、政府要落实党政同责、一岗双责和防汛抗旱行政首长负责制，要突出动态预报预警，及时转移群众；突出应急响应，强化广西江河洪水调度；突出堤防查险，确保水库安全；突出重点，全力防御可能出现的流域性特大洪水；要强化指挥保障，加强与珠江防总的对接，强化军地联动，积极应对重大挑战，全力确保人民生命财产安全。6月18日，刘宁书记赶赴汛情较为严重的贵港市平南县，现场指挥防汛救灾、险情应急抢护等工作。

（2）自治区政府主要领导坐镇指挥。珠江防总总指挥、广西壮族自治区主席蓝天立主持自治区政府常务会议，进一步研究部署新一轮强降雨防御工作，要求立即启动雨情、汛情、险情、灾情信息报送机制，建立跨部门联合会商制度，派出督导组赴各设区市并下沉到防汛一线，加强与珠江防总的协调联动，做到预报预警精准及时，响应机制健全有效。同时，蓝天立主席多次作出指示，要求珠江防总办公室加强统筹协调和指导，精细调度流域水工程，全力减轻流域上下游防洪压力。

（3）自治区党委、政府领导现场指挥。按照自治区党委、政府的统一部署，何文浩、房灵敏、王维平、蔡丽新、王心富、孙大光、黄俊华、许显辉、周成方等自治区领导分别带领9个工作组，赶赴有关市县现场指挥防汛抗洪救灾工作。

3. 广东省委、省政府提前周密部署

根据预报，广东境内的西江、北江防汛形势将日渐严峻，进入"龙舟水"防范应对的关键期，广东省委、省政府高度重视，提前周密部署各项防汛工作。

（1）省委主要领导全面部署防汛工作。广东省委书记李希主持召开全省防汛工作研判会议，全面研究部署、推动落实强降雨防御工作。李希书记强调，当前广东省面临多年未见的最严峻、最复杂的防汛形势，要提前转移危险区域的群众，做好安

置点物资供应、服务保障和转移人员的安全管理，加强监测预报、会商研判，有针对性地进行安排部署，要进一步加强对重点部位风险隐患的排查整治，要进一步做好应急管控，要进一步统筹好疫情防控和防汛救灾，要进一步加强组织领导。

（2）政府主要领导部署"龙舟水"防御工作。广东省省长王伟中主持召开全省"龙舟水"防御工作电视电话会议，要求迅速进入临战状态，把"龙舟水"防御工作作为当前的重中之重，抓紧抓实抓细，确保人民群众生命财产安全，确保江河安澜。

4. 珠江防总、珠江委会同广西、广东省（自治区）水利厅密集会商，研究制定洪水应对方案

6月16日以来，蓝天立主席多次作出指示，要求珠江防总、珠江委认真贯彻落实国家防总、水利部的部署要求，全面履行防汛抗洪职责，加强流域防汛抗洪工作的组织、协调、指导作用，强化防洪统一调度。珠江防总、珠江委密集会商，集中全委技术力量研究制定洪水防御方案，逐日滚动优化调度方案，实施水库群联合调度，指导有关地方开展防御工作。

（1）及时提出防御建议，指导防汛抗洪工作。珠江防总常务副总指挥、珠江委主任王宝恩参加王伟中省长主持召开的广东省"龙舟水"防御工作电视电话会议时，针对当前流域防汛形势，及时向广东省提出9个方面的防御建议，细化落实"四个链条"防御措施；王宝恩主任多次向蓝天立主席汇报珠江防总工作开展情况，提出西江洪水防御工作建议。同时，珠江防总、珠江委多次向广西、广东防指、水利厅及有关地方发出通知，针对性提出指导意见，督促及时消除安全隐患，落实防御措施。

（2）科学制定水工程调度方案。珠江防总、珠江委以流域为单元，根据流域降雨、产流、汇流、演进的规律特点，统筹考虑流域、干流、支流和重要控制断面，统筹考虑全流域水工程防洪功能，科学制定洪水调度方案，以系统性调度应对洪水发展的不确定性。

1）制定首次实施西江水库群"五大兵团"联合调度的作战方案。根据预测西江洪水量级可能性较大的情况，按照水利部的部署要求，根据西江洪水发展预测形势，珠江防总、珠江委会同广东、广西省（自治区）水利厅，研究制定西江洪水调度安排，制定了首次实施西江24座水库群"五大兵团"联合作战的调度方案，全力应对流域洪水。第一兵团为天生桥一级、光照、龙滩、岩滩等水库组成的西江中上游水库群，第二兵团为落久、拉浪等水库组成的柳江水库群，第三兵团为百色、西津、贵港等水库组成的郁江水库群，第四兵团为青狮潭、川江、小溶江、斧子口水库组成的桂江水库群，第五兵团为大藤峡水利枢纽。拟调度第一兵团与第三兵团主要拦洪、错峰，第二兵团与第四兵团错峰、削峰，第五兵团大藤峡水利枢纽作为控制性工程的一张王牌，用于关键时期精准削峰。

2）制定首次实施北江水工程联合调度的集团作战方案。根据预测北江将发生第

2 号洪水的情况，珠江防总、珠江委会同广东省水利厅，制定首次实施北江水工程联合调度的集团作战方案。联合运用北江中上游水库群、飞来峡水库及潖江蓄滞洪区、芦苞闸与西南闸进行拦洪、削峰、滞洪、分洪。其中，调度北江中上游水库群拦蓄洪水，飞来峡水库根据汛情变化动态调度、精准拦洪削峰，同时提前做好库区连江口、社岗、波罗坑、英德防护片应急运用准备；做好潖江蓄滞洪区和芦苞闸、西南闸启用的准备，当北江大堤、珠江三角洲地区防洪安全受到严重威胁时，启用潖江蓄滞洪区和芦苞闸、西南闸滞洪、分洪。

（3）防洪调度决策。

1）提前调度西江中上游水库群拦洪。针对上游洪水自龙滩、百色等水库断面演进至西江中下游梧州断面要 5 天左右的流域洪水演进特点，结合预测洪水防御形势，珠江防总、珠江委经与广西、广东两省（自治区）水利厅会商研判后，决定自 6 月 17 日开始，调度"第一兵团"天生桥一级、光照、龙滩和第三兵团百色水库全力拦蓄上游洪水，避免上游洪水与后期中下游洪水叠加。

2）提前调度西江大藤峡水利枢纽、郁江西津及柳江水库群等预泄腾库。为充分发挥在建大藤峡水利枢纽工程 7 亿 m³ 防洪库容的关键作用，珠江防总、珠江委决定 6 月 17 日开始调度大藤峡水利枢纽预泄腾库，确保 7 亿 m³ 防洪库容能够全面用于精准拦蓄、削减西江洪峰；同时，经与广西壮族自治区水利厅会商研判，决定自 6 月 17 日开始调度柳江水库群、郁江西津等水库提前预泄腾库，拦蓄后期洪水。

3）北江水工程体系正常运行，做好运用准备。根据北江的汛情形势，结合北江主要水库处于低水位运行的状况，经与广东省水利厅会商研判，决定北江各水工程继续按调度运用计划调度运行；根据汛情变化，及时实施防洪调度。

二、第二阶段：北江发生超百年一遇特大洪水，同时西江发生第 4 号洪水

（一）汛情发展变化

受持续降雨和上游来水影响，6 月 19 日 8 时，西江发生 2022 年第 4 号洪水；6 月 19 日 12 时，北江发生 2022 年第 2 号洪水。6 月 20 日，暴雨中心主要集中在北江中上游，北江水位迅速上涨，6 月 22 日发展成超 100 年一遇特大洪水；同时，西江中上游降雨逐渐停止，西江洪水向下游演进。6 月 23 日，流域降雨停止，西江、北江洪水自上游向下游进入退水阶段。

（二）防汛形势

此阶段，珠江流域防汛形势极其复杂严峻。一是洪水的突发性、不确定性大，防范应对难度大。由于降雨落区在流域中北部不断摆动，西江洪水组成、洪水发展趋势的不确定性很大，北江洪水两天内急剧发展成超 100 年一遇特大洪水，洪水防御难度很大。二是流域中下游防洪安全受到严重威胁。北江发生特大洪水，西江同时发

生洪水，且可能与北江洪水恶劣遭遇，严重威胁西江、北江中下游及粤港澳大湾区防洪安全。三是西江水库群联合调度难度史无前例。西江联合调度全流域24座水库"五大兵团"，在确保西江防洪安全的同时，必须精细调度避免西江洪峰与北江洪峰遭遇，调度范围之广、调度水库之多、调度难度之大史无前例。四是北江水工程联合调度风险巨大。由于北江全线告急，飞来峡水利枢纽上下游防洪压力均十分巨大，调度决策风险巨大；潖江蓄滞洪区正在建设中，尚不能完全运用；北江大堤建成后尚未经受过大洪水考验，且在河道大流量行洪时，北江下游河道下切带来的堤防安全影响尚不明确。北江洪水量级接近堤防的防洪标准，北江水工程体系运用受到诸多因素制约，防洪调度的风险巨大。

（三）应对部署

1. 水利部全面指挥部署，锚定珠江防汛"四不"目标

在珠江流域防汛形势急剧发展的关键时刻，国家防总副总指挥、水利部部长李国英一周内再次亲赴珠江流域，查看西江、北江控制性防洪工程，现场指导防洪调度，有针对性地部署防御工作。同时，水利部密集组织会商，多次向珠江委及有关省（自治区）下发紧急通知，部署珠江防汛抗洪工作。

（1）李国英部长再次亲赴珠江流域防汛一线，现场指导防洪调度。

1）现场指导西江大藤峡水利枢纽防洪调度。6月19日，李国英部长赶赴大藤峡水利枢纽，现场指挥防洪调度（图4-5）。李国英部长要求，要综合分析防汛形势，选准时机启用在建工程大藤峡水利枢纽，运用蓄水验收水位以下防洪库容，精准拦洪削减西江洪水洪峰，有效减轻西江中下游乃至珠江三角洲防洪压力。

图4-5　2022年6月19日李国英在大藤峡水利枢纽实地检查指导防汛工作

2）现场指导珠江流域防洪抗洪工作。6月20日，李国英部长前往珠江委，听取当前流域汛情和防御措施汇报，现场部署防洪统一调度工作（图4-6）。他强调，要坚持系统观念，立足流域全局，细化实化"四个链条"，科学精细调度西江流域水库群，充分发挥北江流域防洪工程体系作用，强化流域防洪统一调度。

图 4-6　2022 年 6 月 20 日李国英在珠江委指导流域防汛工作

3）现场指导北江飞来峡水利枢纽等防洪调度。6 月 20 日，李国英部长赶往北江飞来峡水利枢纽、潖江蓄滞洪区、北江大堤石角段，现场勘察汛情和水利工程运行情况，对北江流域防洪工程体系调度运用进行系统安排部署（图 4-7）。李国英部长强调，要充分发挥北江流域防洪工程体系作用，滚动分析演算，精准掌握洪水演进过程和北江下游乃至珠江三角洲安全承受能力，联调联控拦洪削峰错峰。要科学精细调度北江上游乐昌峡、湾头水库和北江干流飞来峡水库，充分发挥其拦洪削峰作用；提前做好潖江蓄滞洪区分洪运用准备，精准把握运用时机；加强巡堤查险，提前转移围区、低洼地区、山洪灾害风险区群众。

图 4-7　2022 年 6 月 20 日李国英赴珠江流域北江现场指挥防汛工作

（2）水利部紧急会商，锚定珠江流域洪水防御"四不"目标。6月21日，李国英部长在珠江流域指导防汛工作回京后，立即主持防汛专题会商，连线广东省政府和珠江委，分析研判珠江流域雨情、汛情、工情形势，研究部署北江、西江洪水防御工作（图4-8）。李国英部长指出，当前珠江流域西江、北江水位持续上涨，预报北江6月22日可能发生特大洪水，西江第4号洪水正在演进过程中，珠江流域防汛形势复杂严峻紧迫。针对珠江流域防洪保安实际，李国英部长提出，要以"人员不伤亡、水库不垮坝、北江西江干堤不决口、珠江三角洲城市群不受淹"为目标，进一步细化实化各项防御措施，全力做好珠江流域洪水防范应对工作。

图4-8　2022年6月21日李国英主持会商视频连线广东省政府、珠江委

期间，水利部副部长刘伟平密集组织会商，多次紧急连线珠江委，会商研究洪水防御对策，细化落实洪水防御措施（图4-9）。

图4-9　刘伟平密集主持防汛会商

（3）周学文秘书长带领国家防总工作组现场指导。6月21—22日，周学文秘书长带领国家防总工作组先后赴广西柳州、梧州和广东清远，察看汛情、险情、灾情，指导防汛救灾工作，要求齐心协力、严防死守，坚决打赢防汛救灾这场硬仗。

图4-10　2022年6月20日水利部防御司司长姚文广与防御司
有关人员研究珠江防汛工作

2. 广东省委、省政府统一指挥，组织动员各方力量防汛救灾

北江汛情急剧发展，北江全线告急，韶关、清远等地防汛形势极其严峻。广东省委、省政府坚持党政同责、一岗双责，强化关键期统一指挥，组织动员全省干部群众，以空前的重视和力度，全力迎战百年一遇特大洪水。

（1）省委主要领导赶赴韶关指挥防汛救灾工作。6月21日，广东省韶关市防汛救灾形势十分严峻，广东省委书记李希紧急赶赴韶关市现场指挥防汛抢险救灾工作。李希书记要求，始终把停课、停工等应急响应措施落实到位，尽最大努力减少人员伤亡；要突出加强对洪水发展的预报预警，引导组织群众第一时间防灾避险；切实加强薄弱环节和重点部位防御，提前向重点部位预置防汛抢险物资、装备和专业力量；严防地质灾害造成人员伤亡。盯紧看牢地质灾害隐患点，对水位较高的江河湖库、土壤含水量高度饱和的山坡、城市低洼易涝地带以及被水浸泡过的道路、桥梁、建筑物等重点盯防；做好疫情防控和灾后卫生防疫工作，确保大灾之后无大疫；抓紧抢修受损基础设施；妥善安置受灾群众生活；组织好恢复生产和重建家园工作。

（2）省政府主要领导赶赴清远指挥防汛救灾工作。6月21日，广东省省长王伟中连夜赶赴清远灾情最严重的英德市，实地察看防洪堤和北江水情，并主持召开现场调度会，现场指挥防汛救灾工作（图4-11）。王伟中省长要求严格落实"县领导联系镇、镇领导联系村、村干部联系户"制度和特殊群体临灾转移"四个一"机制，提前做好沿河低洼地带、蓄滞洪区、重点堤围等危险区域群众转移撤离工作。要做好乐昌峡、飞来峡、清远水利枢纽等大中型水库的联合调度工作，科学做好潖江、波罗坑等蓄滞洪区启用准备工作。要严格落实巡堤查险措施。要强化抢险救援装备，切实保障防汛救灾所需。

图 4-11　2022 年 6 月 21 日王伟中连夜赶赴清远检查指导防汛救灾工作

（3）省委、省政府领导分赴各地现场指挥。按照省委、省政府统一部署，林克庆、宋福龙、张福海、陈建文、王曦、张晓强、王瑞军、陈良贤、孙志洋等省领导，分赴北江防汛抗洪一线，现场指挥防汛抢险救灾工作。清远、韶关等各级党政领导深入防汛抗洪一线，带领全市干部群众全力投入防汛抗洪、抢险救灾、人员转移避险工作。

（4）分管省领导坐镇指挥，统筹协调防汛救灾调度。省领导张虎、陈良贤、孙志洋分别坐镇指挥，启动省防指全体成员单位应急会商和联合值守工作机制，组织雨水情会商研判，滚动分析北江防汛形势，对汛情发展进行重点研判，统筹调度各方力量，支援前线抗洪抢险救灾工作。

3. 广西壮族自治区党委、政府领导靠前指挥，全面部署防汛工作

受强降雨影响，西江洪水复涨，形成西江第 4 号洪水并向下游演进，西江防汛形势依然较为严峻。自治区党委、政府主要领导统筹现场指挥、坐镇指挥，全面迎战西江洪水。

（1）自治区党委主要领导先后现场指挥、坐镇指挥。6 月 19 日，广西壮族自治区党委书记刘宁会同李国英部长赶赴大藤峡水利枢纽现场指导，并对全区防汛救灾工作进一步再部署。6 月 22 日，刘宁书记主持召开广西壮族自治区防汛救灾视频调度会，要求防汛救灾工作从高强度防汛向既要抓好防汛又要抓好灾后恢复转变，并对大藤峡等水利工程调蓄、水库群联合调度、防御工程设施加固、受灾农田排涝培固、粮食的补栽补种等方面工作进行部署，确保社会大局安全稳定（图 4-12）。

图 4-12 2022 年 6 月 22 日刘宁主持召开广西壮族自治区防汛救灾视频调度会

（2）自治区政府主要领导先后坐镇指挥、现场指挥。6 月 19 日，珠江防总总指挥、广西壮族自治区主席蓝天立主持召开广西壮族自治区强降雨防御工作视频会商，视频连线桂林市平乐县水文站、贵港市平龙水库、梧州市防洪堤行政责任人，了解江河水情、水库防汛、巡堤查险等情况，进一步安排部署防汛救灾工作。6 月 21—22 日，蓝天立主席赶赴柳州、桂林检查指导防汛救灾工作，要求加强统筹协调配合，科学精准调度，充分发挥各类水利工程的综合调蓄作用和防洪功能，最大限度拦洪削峰，千方百计确保流域安全度汛，统筹做好防汛救灾和稳住经济大盘各项工作（图 4-13）。

图 4-13 2022 年 6 月 22 日蓝天立深入桂林检查指导防汛救灾工作

（3）各级党政领导全面部署防汛救灾工作。许永锞、方春明等自治区政府领导分别在自治区防指、水利厅坐镇指挥，分析研判西江洪水防御形势，针对性部署防御工作。柳州、贵港、梧州、桂林等地党政领导深入一线，靠前指挥、坐镇指挥，全面指挥部署防汛救灾工作。

4. 珠江防总、珠江委及广西、广东省（自治区）水利厅密集会商、科学决策、统一调度

珠江防总、珠江委及广西、广东防指和水利厅部门密集会商、紧急会商、联合会商，紧盯汛情发展变化，锚定珠江防汛"四不"目标，科学、系统、精细、果断调度决策，强化流域防洪统一调度，及时向省（自治区）党委、政府提出针对性意见和建议，指导各有关地市开展防汛抗洪工作。

（1）持续会商，逐江河、逐区域滚动识别风险，指导防汛抗洪工作。珠江防总、珠江委坚持每日会商研判。受珠江防总总指挥、广西壮族自治区主席蓝天立委托，珠江防总常务副总指挥、珠江委主任王宝恩在珠江防总办公室昼夜坐镇指挥，主持防汛会商，实时分析研判洪水防御形势，逐江河、逐区域识别风险隐患，第一时间向地方党委、政府提出意见和建议，及时指导地方防指、水利部门做好巡查防守、水工程调度、人员转移避险等防御工作（图4-14）。广东省、广西壮族自治区水利厅认真落实省（自治区）党委、政府部署要求，广东省水利厅厅长王立新、广西壮族自治区水利厅厅长杨焱等水利厅领导密集组织会商，及时组织联合会商，组织全省（自治区）水利系统全力投入洪水防御工作（图4-15、图4-16）。

图4-14　王宝恩密集主持防汛会商

（2）滚动优化水工程联合调度方案，科学果断调度决策。

1）全力运用北江水工程体系，果断启用潖江蓄滞洪区分洪，确保重点保护目标安全。珠江防总、珠江委多次紧急会商，连夜组织制定北江洪水调度建议方案，会同广东省水利厅研究制定北江水工程体系"拦洪、蓄洪、分洪"联合调度方案（图4-17）。6月19日起，系统调度乐昌峡、湾头等水库拦洪、削峰，减轻北江上游防洪压

图 4–15　王立新主持全省水利系统防汛会商

图 4–16　杨焱主持全区水利系统防汛会商

力，减少飞来峡入库流量。6月22日10时30分，广东省水利厅经请示省政府同意，果断启用潖江蓄滞洪区分洪；同时，调度飞来峡水利枢纽精准拦洪，启用芦苞水闸、西南水闸分洪。

图 4–17　2022 年 6 月 21 日深夜王宝恩主持会商，紧急连线广东省
水利厅研究北江洪水调度方案

2) 全面动用西江水库群"五大兵团",减轻西江中下游防洪压力,全力避免西江、北江洪峰遭遇。根据北江汛情急剧发展的形势变化,珠江防总、珠江委经与广西、广东两省(自治区)水利厅会商研判后,果断调整、优化西江水库群联合调度方案,精准调度避免西江、北江洪峰遭遇,有效减轻西江中下游防洪压力,为北江洪水宣泄提供空间和时间。根据洪水演进规律,继续调度"第一兵团"天一、光照、龙滩等水库拦洪,6月20日起调度大化、乐滩等红水河梯级水库加大拦蓄力度;调度"第二兵团"落久、大浦、罗东等柳江水库群6月20日开始控泄柳江洪峰,错西江干流洪峰;调度"第三兵团"郁江西津水库6月21日开始拦蓄上游洪水。6月20日开始,调度已腾出7亿 m³ 库容的大藤峡水利枢纽拦洪,发挥其控制性工程的关键作用,精准削减西江洪峰,避免与北江洪峰遭遇。

3) 紧急实施贺江洪水调度,减轻贺江沿线防洪压力。6月20日凌晨,贺江上游降雨突然加大,上游来水迅猛上涨,贺江合面狮水库入库陡增,贺江汛情急剧发展。6月21日清晨,珠江委紧急组织广西、广东省(自治区)水利厅及贺州市水利局研究制定合面狮调度方案,精细调控合面狮水库泄洪流量,在确保水库安全的前提下,最大限度减轻下游防洪压力,并第一时间通报广东省防指,提醒组织贺江下游受威胁地区人员紧急转移避险(图4-18)。

图4-18 2022年6月21日上午珠江委紧急与广西壮族自治区
水利厅连线会商研究贺江洪水调度

(3) 提升最高响应,全力迎战。

1) 珠江防总、珠江委首次启动防汛Ⅰ级应急响应。鉴于北江第2号洪水将发展成特大洪水,西江第4号洪水正在演进,水位持续上涨并较长时间维持高水位运行,经请示珠江防总总指挥、广西壮族自治区主席蓝天立,珠江防总于6月21日22时首次启动防汛Ⅰ级应急响应，以空前的力度迎战特大洪水。珠江防总办公室、珠江委紧急动员，3000 多名职工、委属单位所有专家、技术力量集体待命，随时听候统一调度。珠江委纪检组发出通知，严肃纪律，压实防汛责任，确保召之能来，来之能战。关键时刻，紧急加派 8 个工作组、专家组赴一线，按照"洪水不退，队伍不回"的要求协助指导地方防汛抢险救灾，集结水文预报、水工程调度等骨干团队昼夜滚动更新调度方案，调动新闻媒体、后勤保障各方力量加强宣传报道，组织所有党员干部发挥先锋模范作用，全力支援防汛工作。

2）广东防指、水利厅首次启动防汛Ⅰ级应急响应。广东省防指、水利厅 21 日 19 时启动防汛Ⅰ级应急响应，紧急调用各方资源力量紧张有序、步调一致投入抗洪抢险。省防指向韶关、清远等市派出多个工作组、抢险队支援防汛抢险，并要求重点地区要果断采取停课、停工、停产、停运、停业的一项或多项必要措施，提前转移群众避险；省水利厅组织各地加强辖区北江沿岸淹没风险区的巡查工作，严守沿江新建、在建工程、穿堤建筑物，全力以赴确保人民群众生命财产安全。清远市、韶关市等防指、水利部门 6 月 21 日晚也分别将全市防汛应急响应提升为Ⅰ级，全面投入防汛抗洪抢险。

3）广西防指、水利厅组织增派力量支援防汛救灾。广西防指维持防汛Ⅱ级应急响应，指挥部领导在值班室 24 小时坐镇，切实加强统一指挥。广西壮族自治区水利厅立即组建 3 个防洪应急组、13 个专家组随时待命，派出 9 个专家组赴一线指导防御工作，同时持续组织水利系统干部职工投入巡查防守，对薄弱堤段、险工险段重点防守，强化险情处置。

第三节　洪水退水期应对部署

珠江 "22.6" 特大洪水退水期主要有两个阶段。第一阶段，6 月 23—30 日，珠江流域无明显降雨，西江、北江缓慢退水；第二阶段，7 月上旬，受台风 "暹芭" 影响，流域中东部出现强降雨，导致北江复涨，并发生第 3 号洪水。

一、第一阶段：北江特大洪水和西江第 4 号洪水进入退水期

（一）汛情变化

6 月 23 日开始，珠江流域持续一个月的强降雨过程停止，北江特大洪水和西江第 4 号洪水全面进入退水阶段。

（二）防汛形势

此阶段，防汛救灾工作从高强度防汛向既要抓好防汛又要抓好灾后恢复转变。

一是由于干流河道持续高水位、大流量行洪，堤防长时间浸泡，退水期间迎水坡极易发生坍塌、滑坡、跌窝、崩岸等险情；二是部分水利工程出现较严重险情，危及工程自身安全和下游安全；三是部分地区工程水毁点多面广，急需修复，恢复防洪功能；四是水库处于高水位运行，迫切需要抓住时机泄洪腾库，为应对后续洪水留足空间。

（三）应对部署

1. 水利部持续会商研判，部署退水期洪水防御工作

国家防总副总指挥、水利部部长李国英，水利部副部长刘伟平多次主持专题会商，滚动研判珠江流域洪水退水期的防御形势，部署退水期洪水防御工作（图4-19）。水利部第一时间下发通知，要求进一步加强堤防水库巡查，重点做好退水期查险抢险，保证工程运行安全；要求强化湛江蓄滞洪区堤围的巡查防守，做好群众转移安置工作；科学统筹调度北江、西江防洪工程，抢抓有利时机降低水位、腾空库容；督促各地适时开展损毁水利工程设施修复工作，及时恢复防洪功能，切实保障防洪安全。

图4-19　2022年6月25日李国英主持防汛会商

2. 广东、广西党委、政府全面部署水毁修复和灾后重建

广东、广西两省（自治区）党委、政府高度重视退水期防汛度汛和灾后重建工作。广东省委书记李希多次对灾后重建复产作出批示，广东省省长王伟中组织召开政府常务会议，专题研究部署防汛度汛和灾后重建复产工作。广西壮族自治区党委书记刘宁深入河池市实地检查指导防汛抗洪救灾和灾后重建等工作。两省（自治区）党委、政府有关领导靠前指挥、坐镇指挥，组织广大干部群众，采取有力有效措施，切实做好堤库排查、应急处置、受灾群众安置等各项工作，尽最大努力保障人民群众生命财产安全。

3. 珠江防总、珠江委及广东、广西省（自治区）水利厅全力做好退水期洪水防御工作

珠江防总、珠江委继续密切监视洪水演进过程，每日会商研判，会同广东、广西省（自治区）水利厅做好西江、北江退水期水库调度，组织委属单位100余名专业技术人员赶赴有关灾区，协助地方做好堤防巡查防守、工程险情抢护、水毁修复、洪水调查等工作，并及时向有关防指、水利厅发文，指导做好退水期防御工作。

广东、广西省（自治区）水利厅继续密集会商，研究制定巡查防守、险情处置等应对方案，组织全省（自治区）水利系统干部职工全力做好退水期洪水防御各项工作。

二、第二阶段：北江洪水复涨，发生第 3 号洪水

（一）汛情变化

6月30日—7月5日，受台风"暹芭"影响，流域大部分地区再次迎来强降雨过程。受台风降雨影响，北江干流再次出现涨水过程，7月5日北江发生了2022年第3号洪水。

（二）防汛形势

此阶段，北江防汛形势再度紧张。一是北江第3号洪水量级总体不大，但北江防洪工程体系刚刚经历100年一遇的特大洪水，部分水利工程出现严重损毁，防洪功能尚未恢复，安全度汛风险较大；二是潖江蓄滞洪区水毁堤防尚未修复，再次发生洪水，区内人员需再次紧急转移；三是受前期降雨影响，土壤含水量趋于饱和，山洪灾害、中小河流洪水防御压力增加。

（三）应对部署

1. 水利部会商部署，派出工作组加强指导

台风"暹芭"生成后，水利部密切监视台风发展变化，重点关注台风降雨对北江带来的影响。7月4日，李国英部长部署主持专题会商，安排部署台风强降雨洪水防御工作，要求联合调度上游乐昌峡、湾头和干流飞来峡等水库调控洪水，适时拦洪削峰错峰，加强北江大堤等堤防巡查防守，提前转移低洼地带人员，确保人民群众生命安全和工程安全。7月5日，刘伟平副部长再次主持会商，贯彻落实李国英部长会商要求，进一步安排部署防御工作。

同时，水利部及时发出通知，要求珠江委及广东、广西有关省（自治区）做好防御工作，并派出工作组赶赴广东北江指导防汛工作。

2. 广东省委、政府高度重视，全面部署防汛工作

广东省委常委、常务副省长张虎和副省长孙志洋先后召开防汛工作会议，深入学习贯彻习近平总书记关于防灾减灾救灾的重要指示批示精神，全面部署台风和洪

水防御、灾后重建等工作，要求强化滚动预报预警和信息发布，落实人员转移避险和安置措施，严密防范中小河流洪水、山洪、地质灾害和城乡内涝影响，加强水利工程巡查和科学调度，提前调配力量到可能受灾区域，按照"抢早、抢小、抢先"要求，第一时间处置险情。清远等有关市县党委、政府再次全力投入防汛抗洪工作，紧急转移潖江蓄滞洪区、低洼地区受威胁群众，确保人民群众生命安全。

3. 珠江防总、珠江委及广东省水利厅及时启动应急响应，防御北江洪水

珠江防总、珠江委密切关注台风降雨和北江汛情发展，加强监测预报预警，每日会商分析研判。珠江防总、珠江委启动防汛Ⅲ级应急响应，派出两个工作组协助指导防御工作。珠江防总向广东等省（自治区）发出通知，要求压紧压实防汛防台风责任，强化会商研判，切实做好水库安全度汛、水工程调度、中小洪水和山洪灾害防御、受威胁群众转移避险等工作。珠江委及时向广东省水利厅发文，提醒切实做好韶关、清远等地水毁地区及潖江蓄滞洪区暴雨洪水防御工作。

广东省水利厅启动水利防汛Ⅲ级应急响应，多次组织北江流域暴雨洪水防御工作视频会商会，组织清远、韶关等地水利部门加密重点堤段、重点部位、险工险段巡查防守，科学调度飞来峡和湾头、孟洲坝、锦潭、长湖、罗坑等水库控泄，为潖江蓄滞洪区大厂围、江咀围围内人员转移争取时间，最大限度降低潖江蓄滞洪区受淹程度。

第五章

坚持"预"字当先
强化水情监测预报预警

　　水情监测预报是防汛工作的"尖兵"和"耳目",是洪水防御的重要决策依据。在珠江"22.6"特大洪水防御过程中,珠江委水文局会同流域有关省(自治区)水文部门对柳州、武宣、大湟江口、梧州、高要、石角、三水、马口、天河等流域重要断面开展水情监测。在全面精细把握流域洪水实时动态基础上,坚持"预"字当先,强化气象水文预报耦合,预报分析"降雨—产流—汇流—演进"全过程,滚动研判"流域—干流—支流—断面"汛情趋势,对重点保护对象和关键控制断面的水位、流量等要素作出精准预报,及时发布洪水预警,为成功防御珠江"22.6"特大洪水提供了强有力的技术支撑。

第一节　水文监测

　　水文监测是指通过水文站网对江河、湖泊、水库等水位、流量、泥沙、水温、水质、水下地形以及降水量、蒸发量、风暴潮等实施观测并计算分析的活动,水文监测可提供流域洪水实时变化情况,为水情预报、防汛调度提供最重要的数据支撑。2022年5月以来,受持续性大范围降雨影响,珠江流域西江和北江先后发生多次编号洪水,为确保应对大洪水"测得准、报得出",为流域洪水实时调度提供数据支撑,各级水文部门严阵以待日夜坚守,以确保能尽量完整准确地测报整场洪水的涨落过程。但因部分测站难以建立稳定的水位—流量关系,故应适时开展水文应急监测,"以测补报",为实时洪水量级的精准预报提供数据支撑,也为今后更好支撑防御工作留下宝贵的洪水演进过程资料。

一、重要控制站水文监测

　　目前,珠江委和广西、广东省(自治区)在西江、北江干流的重要控制站均基本实现在线监测,在本次大洪水期间各水文测站提前做好高洪测验方案和超标洪水监测预案,使用 ADCP、侧扫雷达等先进设备对洪水进行连续监测,抢测到完整宝贵的特大洪水过程。西江、北江干流及珠三角重要水文控制站分布示意如图 5-1 所示。各站点监测情况分述如下:

(一)浔江大湟江口水文站

　　大湟江口水文站设立于 1951 年 2 月,位于浔江与甘王水道相汇的江口镇上游,基本水尺断面上游 31km 处为郁江桂平航运枢纽工程,上游 37km 处为大藤峡水利枢纽,控制流域面积 28.94 万 km²。站点采用水位—流量关系线法进行报汛,在常规流量监测中采用走航式 ADCP 进行校测或实时率定。珠江"22.6"特大洪水期间施测 21 次,其中,涨水段 11 次,退水段 10 次,并抢测到洪峰流量,西江第 2 号洪水期

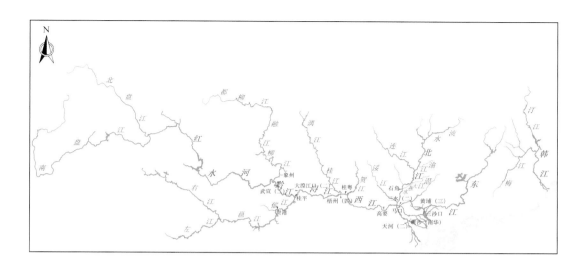

图 5-1 西江、北江干流及珠三角重要水文控制站分布示意图

间实测洪峰流量 27200m³/s。

（二）西江梧州水文站

梧州水文站设立于 1900 年，位于梧州市万秀区龙湖镇，是西江干流重要控制站，为西江代表控制站，上游约 2km 处为浔江、桂江汇合口，上游约 14km 处为长洲水利枢纽，控制流域面积 32.7 万 km²。站点采用水位—流量关系线法进行报汛，在常规流量监测中采用走航式 ADCP 进行校测或实时率定，2021 年 7 月 1 日起正式利用侧扫雷达监测系统作为流量测验的常规方法。

珠江"22.6"特大洪水期间施测 38 次，其中，涨水段 18 次，退水段 20 次。6 月 22 日使用走航式 ADCP 实测流量两份（水位 21.01m，流量 31500m³/s；水位 21.06m，流量 31700m³/s）后发现实测流量偏小于水位流量报汛线流量，超过允许范围，因关系线与实测点偏差较大，梧州站根据近年来实测流量成果，于 6 月 22 日 18 时对梧州站水位流量报汛线重新分析更新，18 时后使用新的水位流量报汛线推流造成报汛线产生突变，水势上升但流量减小了 1900m³/s。

（三）西江桂粤水文站

桂粤水文站设立于 2016 年，为广西—广东省界水资源监测站，位于广东省肇庆市封开县江口街道，距离上游梧州水文站 20km，下游约 2km 处为贺江、西江汇合口，控制流域面积 33.6 万 km²。本站采用水位—流量关系线法进行报汛，在常规流量监测中采用走航式 ADCP 进行校测或实时率定。珠江"22.6"特大洪水期间施测 55 次，其中涨水段共计施测 26 次，退水段共计施测 29 次，并抢测到洪峰流量，桂粤水文站实测最高水位 20.75m 及对应洪峰流量 34900m³/s。洪水过程期间施测单沙

32 次，悬移质输沙率（全沙测验）15 次。

（四）西江高要水文站

高要水文站设立于 1931 年，位于广东省肇庆市端州区，为西江干流下游控制站，是国家重要水文站，控制流域面积 35.15 万 km²。本站采用 H - ADCP 在线测流系统施测流量，采用走航式 ADCP 和流速仪法校测或实时率定。珠江"22.6"特大洪水期间施测 12 次，其中，涨水段 9 次，退水段 3 次，并抢测到洪峰流量，其中西江第 2号洪水期间实测到洪峰流量 39800m³/s。

（五）北江石角水文站

石角水文站设立于 1924 年，位于广东省清远市清城区石角镇，控制流域面积约3.8 万 km²，占北江流域总面积的 82.1%，是北江流域总控制站、国家基本水文站以及中央报汛站，同时也是北江大堤防汛的水情代表站。本站采用 H - ADCP 在线测流系统监测流量，采用走航式 ADCP 和流速仪法校测进行校测或实时率定。珠江"22.6"特大洪水期间施测 8 次，其中，涨水段 4 次，退水段 4 次。北江特大洪水期间石角站自 6 月 18 日 8 时起涨，起涨水位 8.20m，于 22 日 11 时出现洪峰水位12.22m，监测相应流量 18500m³/s。

（六）珠江三角洲马口水文站、三水（二）水文站

三水（二）水文站位于西北江三角洲北江水道上段，设立于 1900 年，地处佛山三水区河口镇附近，是北江下游进入珠江三角洲网河区的控制站，其上游 1km 处有思贤滘与西江相通。马口水文站是西江下游进入珠江三角洲网河区的控制站，设于1915 年，是国家重要水文站，位于佛山市三水区金马大桥上游，往上游约 4.5km 有思贤滘与北江沟通。西江、北江洪水经思贤滘调节后，分别经西江干流马口站和北江干流三水（二）水文站分流后进入珠三角河网区。两站均采用 H - ADCP 在线测流系统监测流量，采用走航式 ADCP 进行校测。2022 年"龙舟水"前后，受上游来水影响，三角洲控制站马口、三水水文站均出现 4 次涨水过程，尤以第三轮即受北江特大洪水和西江第 4 号洪水影响最大，马口站 6 月 23 日 21 时 50 分出现洪峰水位7.67m，相应流量 43300m³/s，水位超警 47 小时。北江干流水道三水水文站 6 月 22日 20 时 40 分出现洪峰水位 8.10m，相应流量 14300m³/s，水位超警 100 小时。两站洪峰流量均超 20 年一遇的洪峰流量。两站从 5 月 27 日—7 月 12 日期间各施测 40 次。

（七）珠江三角洲蚬沙（南华）水文站、天河（二）水文站

蚬沙（南华）水文站设立于 1952 年，位于东海水道地处佛山市顺德区均安镇蚬沙村，站点主要监测水位，北江特大洪水期间，南华站测验断面开展了为期 8 天（5 月 19—26 日）的应急监测，施测期间抢测到洪峰流量为 17600m³/s（6 月 24 日4 时）。

天河（二）水文站设立于 1952 年，位于西海水道地处江门市棠下镇。该站采用

H－ADCP 及在 V5 垂线位置布置浮鼓 V－ADCP 在线监测流量，采用走航式 ADCP 进行校测或率定。2022 年 6—7 月共施测 21 次，北江特大洪水期间，在该站测验断面开展了为期 8 天（5 月 19—26 日）的应急监测和校测，施测期间抢测到洪峰流量为 23000m³/s（6 月 24 日 6 时）。

（八）珠江三角洲主要水（潮）位站

珠江三角洲水（潮）位站多以水位监测为主，天河（二）站等水文站可在线监测流量，从入汛至 7 月中旬以来，各站水位、流量监测过程控制良好，洪峰控制幅度均在精度允许范围。本次对 6 月初至 7 月中旬珠三角及口门主要站点实测最高水位及峰现时间进行统计，见表 5－1。

表 5－1　　珠江三角洲主要控制站 6 月初至 7 月中旬最高洪潮水位统计

河　名	站　名	最高洪潮水位/m	出现时间/（月-日 时：分）
北江干流	三水（二）	8.84	6-22 20：00
西江干流	马口	8.41	6-23 23：00
	甘竹	5.39	6-15 15：00
西海水道	天河（二）	5.81	6-15 14：15
	江门	4.25	6-16 13：25
东海水道	南华	5.66	6-15 15：00
容桂水道	容奇	3.46	6-16 13：00
小榄水道	小榄（二）	4.26	6-16 13：30
顺德水道	三多（二）	5.83	6-22 23：00
潭州水道	紫洞	6.01	6-15 20：00
潭州水道	澜石	4.84	6-16 14：00
陈村涌	勒竹	3.23	6-15 12：00
西北涌	老鸦岗（二）	3.45	6-15 13：00
前航道	中大	3.43	6-15 11：45
后航道	浮标厂（二）	3.22	6-15 12：05
后航道	黄埔（三）	3.17	6-15 11：35
平洲水道	沙洛围（二）	3.44	6-16 12：35
磨刀门水道	竹银	2.21	6-16 11：40
	挂定角	2.60	7-2 10：05
鸡啼门水道	西炮台	2.92	7-2 11：40
崖门水道	黄金	2.86	7-2 11：25
黄茅海	黄冲	2.82	7-2 12：30

续表

河　名	站　名	最高洪潮水位/m	出现时间/（月-日 时：分）
横门水道	虎山	2.80	7-2 11：15
洪奇门水道	横门	2.78	7-2 11：25
洪奇门水道	板沙尾	2.94	6-16 12：45
蕉门水道	冯马庙（二）	2.91	6-16 11：35
虎门水道	南沙	2.78	7-2 11：55
虎跳门水道	大虎（二）	2.76	6-16 11：40

注：以报汛资料进行统计。

6月初至7月中旬，受上游西江、北江来水影响，西江、北江进入珠三角的控制站三水（二）站、马口站出现4次涨水过程，以第三轮即北江特大洪水、西江第4号洪水影响最大，两站分别于6月22日20时及6月23日23时出现洪峰水位；根据6—7月各站点报汛水位统计来看，除三水（二）站和马口站外，珠三角主要河道水位受6月中旬天文大潮影响最大，最高水位出现时间集中在6月15—16日；八大口门控制站则受第3号台风"暹芭"影响较大，大多于7月2日出现最高潮水位。

二、应急监测

为弥补水文测站常规水文监测的不足，进一步摸清洪水形势及洪水调度指令执行情况，完整准确地记录流域大洪水水文要素。在防汛关键期，珠江委水文局选取了西江第2号洪水和北江特大洪水开展应急监测。

（一）西江第2号洪水应急监测

1. 应急监测方案及开展情况

为追踪西江第2号洪水经大藤峡调度后的演进情况，珠江委水文局与梧州水文中心、肇庆水文分局等上下联动，在充分考虑利用水文站的监测能力的基础上，在柳江、黔江、西江等6条河流的迁江、象州、武宣、桂平、贵港站、大湟江口（二）、梧州（四）、桂粤水文站设置8个监测断面，在大藤峡库区设置濠江口、东乡江口、马来河口、下乡口、滩底口5处临时水位站。

应急监测组成员于在6月5日傍晚前完成仪器设备安装，同时在南沙基地安排组织4名数据分析人员及时分析现场数据，开展数据报送工作，6月9日监测到各站点洪水回落后收测，拆除大藤峡库区5个临时水位站。测验期间在各站每日8时、17时开展一次流量测验，中间紧密跟踪水位变化，发生较大变化及时加测。应急监测主要采用走航式ADCP测验仪器监测流量，考虑到大流速下走航式ADCP可能会出现"走底"现象，造成流量偏小，为获取更为准确的高水位数据，测验人员为ADCP

配备了外接 GNSS 作为位置参考。

设置的 8 处监测断面中桂平站日常仅监测水位，桂粤站则是在高水时水位一流量呈逆时针绳套关系，为获取准确可靠的流量资料，本次在两站采取了不同的监测手段和应对措施。

大藤峡水库下游的桂平站进行流量监测时一般需要渡河设施，大洪水渡河存在较大风险。本次在桂平站测流断面租用大马力渔船在侧舷安装三体船搭载 ADCP 进行测流，根据该船的动力情况在流量 <23000m³/s 时以 ADCP 走航式为主要测验方法，并以大藤峡坝下交通桥的 5 探头高洪雷达作为桂平站的辅助测验方法，利用两者同步测验数据率定测区表面流速系数；在流量 ≥23000m³/s 时，以高洪雷达作为桂平站的主要测验方法，利用前一条件率定的表面流速系数（本次率定结果为 0.960），验证该站高洪雷达的高水位测验精度。

针对梧州站下游的桂粤站高水位时水位一流量呈逆时针绳套的问题，利用桂粤站动力较强的水文测验船适时开展高水位流量测验，增加高水位时实测流量样本，并结合洪水起涨前站台安装的 H-ADCP 收集率定的样本，建立桂粤站的代表流速关系。考虑到洪水期间该站含沙量较高，临时增配了高沙条件下适应性更好、声波穿透能力更强的低频走航式 ADCP（300kHz）。

大藤峡库区的 5 个临时水位站均设立了临时水尺及临时校核水准点，与广西水文中心统一采用 1985 国家高程基准基面。采用 RTK 测量应急条件下的临时校核水准点，并与附近水文站的基本水准点复核对比。每个临时水位站均使用便于安装的气泡压力式水位计进行监测，监测频率为 5 分钟，监测数据发往南沙基地水情分中心。

2. 各站水文要素特征值

根据本次应急监测期间各站点所监测的水位和流量数据，对各站和临时监测断面的水位和流量特征值进行统计，见表 5-2、表 5-3。

表 5-2 　　　　　　　　　水 位 特 征 值 统 计 表 　　　　　　　　　单位：m

站　名	最高水位	最低水位	平均水位
武宣	57.23	51.55	54.79
濠江口	55.58	51.89	54.41
东乡江口	54.84	51.30	53.33
马来河口	54.36	51.13	53.11
下乡口	53.25	49.90	51.76
滩底口	49.19	46.91	48.53
大藤峡坝上	47.76	44.64	45.74

表 5-3　　　　　　　　　　　流 量 特 征 值 统 计 表　　　　　　　　单位：m³/s

站　名	最大流量	最小流量	平均流量
迁江	6020	5240	5660
象州	19200	8100	14300
武宣	25700	13400	20300
桂平	25100	12800	19500
贵港	4050	2700	3570
大湟江口（二）	27200	16600	22600
梧州（四）	33700	21600	28300
桂粤	32900	21400	27700

（二）北江特大洪水应急监测

1. 应急监测方案及开展情况

为严密监控珠江"22.6"特大洪水涨落过程及进入珠江三角洲后的情况，珠江委迅速组织应急监测抢测洪水过程，31名应急监测队员、5艘水文测船和30余台套水文监测设备迅速集结。本次监测主要涉及柳江、郁江、黔江、浔江、西江、北江以及珠江三角洲河口区等流域内的主要河流，西江、北江干流上的水文站在线监测以及地方水文开展的应急监测数据基本满足上游洪水测报需求，故应急监测的重点放在流量站密度较低的珠江三角洲地区，上游测站以收集报汛及实测资料为主。6月18日，各组负责人员奔赴天河、南华等主要控制断面以及珠江八大口门测验断面，在大藤峡上游5条支流设立临时水位站进行水位监测，于6月21日8时所有断面同步开展水文监测（图5-2），同时组织广西、广东水文部门对梧州、飞来峡、石角、博罗等16个珠江主要干（支）流站点和三水、马口等12个珠江三角洲主要控制断面联

图 5-2　洪水应急监测

测联报，动态监测水情走势，跟踪监测洪峰位置，分析研判洪水演进速度和主要汉点分流比，相关成果以短信、微信、APP 等形式及时推送给相关单位和部门，为防汛工作提供重要的数据支撑。

本次应急监测项目包括潮位、流速、流向、流量、大断面、含沙量等，应急监测断面布设如下，如图 5－3 所示。

（1）恢复大藤峡库区 5 个临时水位站：濠江口、东乡江口、马来河口、下乡口、滩底口。

（2）测流断面：大虎（二）、南沙、横门、冯马庙（二）、黄冲、挂定角（二）、大林、西炮台、南华、天河（二）、漳彭。

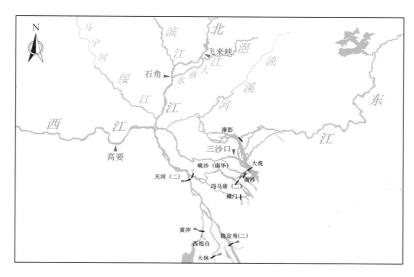

图 5－3　珠江"22.6"特大洪水应急监测断面布设分布示意图

因珠江三角洲河流普遍较宽且航运繁忙，利用测船开展监测是常用手段，但本次应急监测洪期遭遇海事部门封航无法租用船舶开展测验，测验期间仅可调动 3 艘水文船出动测验，部分断面采用快艇开展测验，故本次测验尽量充分利用现有现代技术设备如自容式 ADCP、测流浮鼓、环保部门的 H－ADCP 等完成流量自动监测，测船主要以巡测为主。流速流向监测采用测船定点测量、浮鼓、自容 AD-CP、H－ADCP 等多种方式测量，流量监测采用水文船搭载走航式 ADCP 完成，实际监测引用各站汛前准备的大断面测量成果，并在洪水后再次安排一次大断面测量，含沙量监测则通过在水文站台上利用悬移质泥沙采集装置采样后送实验室化验。

2．各站（断面）水文要素特征值

根据本次应急监测期间各站点所监测的水文和流量数据，对各站和临时监测断面的水位和流量特征值进行统计，见表 5－4～表 5－6。

表 5-4　　　　　　　应急监测各站（断面）水位特征值统计表　　　　　单位：m

站　名	最高水位	最低水位	平均水位
马口	8.41	7.10	8.07
三水（二）	8.85	7.40	8.52
大虎	1.70	−0.22	0.74
南沙	1.74	0.23	0.96
冯马庙（二）	2.12	1.08	1.56
横门	2.13	0.81	1.34
大林	1.71	−0.42	0.16
挂定角	1.57	0.79	1.19
黄冲	1.57	0.05	0.75
西炮台	1.91	−0.08	0.85
南华	5.61	4.73	5.39
天河（二）	5.75	4.85	5.50
漳彭	1.88	−0.10	0.86
濠江口	57.11	50.85	54.36
东乡江口	56.85	50.51	53.96
马来河口	56.37	50.28	53.57
下乡口	55.81	49.84	52.94
滩底口	53.68	48.68	50.90

表 5-5　　　　　　　应急监测各站（断面）流量特征值统计表　　　　　单位：m³/s

站　名	最大流量	最小流量	平均流量
马口	44600	34000	40700
三水（二）	15000	10800	13800
大虎	29500	−20800	10700
南沙	13300	6900	10700
冯马庙（二）	6000	4960	5590
横门	7560	5320	6400
大林	2960	1590	2340
挂定角	15800	11800	13800
黄冲	6400	−5830	1610
西炮台	3480	1840	2470

站　名	最大流量	最小流量	平均流量
南华	17600	14700	16400
天河（二）	23000	15900	19500
漳彭	1570	－1940	249

表 5 - 6　　　　　　　　　　净泄量统计值

站　名	净泄量/$10^4 m^3$	站　名	净泄量/$10^4 m^3$
大虎	470510	挂定角	528300
南沙	339800	黄冲	68540
冯马庙（二）	233300	西炮台	94420
横门	267800	南华	626400
大林	89610	天河（二）	750474
马口	1553700	三水（二）	527800

注：统计时间为 2022 年 6 月 21 日 8 时至 6 月 25 日 18 时。

第二节　预报预警

　　洪水预报的预见期是实施流域水工程防灾联合调度的关键。对于流域性洪水，3～7 天中长期预见期的洪水趋势预测为提前安排防御工作提供时间上的裕度；对于西江洪水和北江洪水的精细化错峰调度则要求有不同短期预见期，其中西江防洪调度的控制目标断面是下游梧州站，中游大藤峡水库承担着重要的拦洪削峰任务。大藤峡水库至控制目标断面洪水传播时间约 1.5 天，因此 2 天预见期洪水预报可以满足对大藤峡水库的精细调度要求。北江防洪调度的控制目标是下游北江大堤，飞来峡至北江大堤洪水传播时间近 1 天，因此 1 天预见期洪水预报可以满足对飞来峡水库的精细调度要求。

　　在洪水防御期间，流域中长期洪水趋势预测主要依据气象部门提供的未来 7 天降雨数值预报成果，滚动开展流域主要控制断面未来一周洪水预测，并跟踪监视流域实际降雨情况，适时开展编号洪水的预警。洪水预测虽受降雨预报不确定性影响较大，但可用于判断流域洪水发展趋势，不考虑水库调度的洪水预测成果可用于超前调度西江上游天生桥一级、龙滩、百色等水库和北江上流乐昌峡、湾头、南水等水库进行拦洪或预泄，控制下游目标断面洪水总量。而短期的洪水预报主要针对流域水工程联合调度需要，结合水工程运行情况和短临降雨预报，开展 1～2 天的水文控制断面和水库调度节点的流量预报。短期洪水预报准确性较高，可用于开展西江大藤峡水库和北江飞来峡水库实时防洪调度。

在珠江"22.6"特大洪水过程中，水文部门洪水趋势预报和编号洪水出现时间预测准确，西江梧州站、北江石角站、韩江潮安站等流域重要控制断面的预报误差均在±10%以内，其中西江第 4 号洪水和北江第 2 号洪水期间，提前 1～2 天准确预报北江干流飞来峡水库入库洪峰和西江干流武宣站和梧州站洪峰，为西北江错峰调度、避免西江洪水和北江洪水在粤港澳大湾区遭遇提供了有力的预测预报技术支撑。

一、西江第 1 号洪水预报预警

西江第 1 号洪水期间暴雨集中在上游龙滩库区，水文部门密切关注降雨变化，提前准确预报编号洪水出现时间，龙滩入库洪峰预报相对准确。

2022 年 5 月 21 日开始流域降雨逐渐开始增多，水文部门密切关注可能影响流域防洪的降雨过程。5 月 29 日西江上游普降中到大雨，红水河上游支流蒙江、六硐河等地突降短历时暴雨。

由于短历时暴雨主要集中在龙滩库区，龙滩入库流量快速增大，5 月 30 日 8 时入库流量已涨至 8830m³/s，5 月 30 日 11 时西江上游龙滩水库入库流量涨至 10900m³/s，将其编号为"西江 2022 年第 1 号洪水"。西江第 1 号洪水期间，水文部门根据实时降雨情况及时开展洪水作业预报，龙滩水库入库洪峰流量预报相对误差 3.67%。

二、西江第 2 号洪水预报预警

西江第 2 号洪水期间，水文部门于 5 月 31 日提前 8 天发布西江干流和支流柳江将出现明显涨水过程的洪水趋势预测，提前 2 天准确预报编号洪水出现时间，密切跟踪区间降雨变化和水利工程运行影响，提前 1～2 天准确预报西江梧州站洪峰与柳江柳州站洪峰。

6 月 2—9 日，西江流域出现一次较强降雨过程，大部分地区累积降雨量 50～100mm，其中红水河中上游部分地区、柳江中上游、桂江、贺江、西江下游 100～250mm，柳江中游部分地区达 250～400mm。6 月 5 日 21 时 15 分柳江柳州站出现洪峰流量 17900m³/s，6 月 6 日 17 时西江中游武宣水文站流量涨至 25200m³/s，将其编号为"西江 2022 年第 2 号洪水"，6 月 8 日 8 时 30 分西江梧州站出现洪峰流量 33800m³/s。西江第 2 号洪水期间，柳州站洪峰流量预报相对误差 −1.68%，梧州站洪峰流量预报相对误差 −5.33%，编号洪水出现时间预报准确。

西江第 2 号洪水期间，5 月 31 日—6 月 3 日的气象部门逐日模式预报显示，5 月 31 日—6 月 4 日红水河至柳江一带将有持续中到大雨降雨过程，6 月 5 日雨带将向西江下游移动。6 月 4 日，气象部门模式降雨预报调大了 6 月 6—7 日的西江下游降雨。

水文部门根据气象部门降雨数值预报逐日滚动开展西江干支流主要控制断面未来一周来水预测，5月31日发布西江支流柳江柳州站和西江干流梧州站将出现明显涨水过程的洪水趋势预测。6月4日上午，水文部门预报柳江柳州站将可能于6月6日凌晨出现洪峰流量15800m³/s，黔江武宣站将可能于6月7日凌晨流量超过25000m³/s，西江将可能发生第2号洪水。受降雨影响，柳江上游来水快速增加，麻石水库6月4日8时出库流量3960m³/s，同日20时出库流量增加至最大9850m³/s，柳江上游来水流量增幅达148%；柳江支流贝江、龙江来水也明显增加，贝江落久水库6月4日8时最大入库流量5000m³/s，龙江三岔站6月4日8时流量1700m³/s，6月5日3时55分涨至过程最大流量5340m³/s。水文部门根据柳江实时雨水情变化，6月4日下午发布柳江洪水蓝色预警，6月5日上午更新洪水作业预报成果，预计柳州站将于6月5日14时出现洪峰流量17600m³/s，黔江武宣站将可能于6月6日晚流量超过25000m³/s，西江梧州站将可能于6月7日晚出现洪峰流量33000m³/s。6月7日上午，浔江大湟江口流量已涨至27100m³/s，水文部门根据流域雨水情实况和降雨预报发布西江洪峰预报，预报梧州站将可能于6月8日凌晨出现洪峰流量32000m³/s，6月7日下午发布西江洪水蓝色预警。

三、西江第3号、北江第1号洪水和韩江第1号洪水预报预警

西江第3号、北江第1号洪水和韩江第1号洪水期间，水文部门分别于6月10—11日提前4～6天发布西江、北江、韩江将出现明显涨水过程的洪水趋势预测，西江、韩江编号洪水出现时间的预报相对准确，西江干流梧州站、支流柳江柳州站和桂江京南站、北江干流石角站、韩江干流潮安站的洪峰预报准确，其中西江干流、北江干流、西江支流柳江和桂江的控制站洪峰有效预见期1～2天。

6月10—16日，西江、北江、韩江出现一次较强降雨过程。西江降雨主要集中在6月10—14日，累积降雨量一般有50～100mm，其中红水河中下游部分地区、柳江中下游、郁江下游、桂江、贺江、黔江、浔江、西江下游部分地区100～250mm。6月12日20时，梧州站水位涨至18.52m，将其编号为"西江2022年第3号洪水"。6月14日3时柳江柳州站出现洪峰流量8330m³/s，6月14日13时15分桂江京南站出现洪峰流量8820m³/s，6月15日3时25分西江梧州站出现洪峰流量39200m³/s。西江第3号洪水期间，柳州站洪峰流量预报相对误差−0.60%，京南站洪峰流量预报相对误差−3.40%，梧州站洪峰流量预报相对误差−0.77%，编号洪水出现时间预报准确。

北江降雨主要集中在6月11—14日，累积降雨量一般有50～100mm，其中北江中游、武江、连江100～250mm，浈江部分地区达250～400mm。6月14日11时30分，北江石角水文站流量涨至12000m³/s，将其编号为"北江2022年第1号洪水"。6月15日18时北江石角站出现洪峰流量14400m³/s，洪峰流量预报相对误差

—7.64%。

韩江降雨主要集中在 6 月 11—16 日，累积降雨量一般有 $100 \sim 250$ mm，其中韩江中游部分地区、汀江下游达 $250 \sim 400$ mm。6 月 13 日 14 时，韩江三河坝水文站流量涨至 4890 m^3/s，将其编号为"韩江 2022 年第 1 号洪水"。6 月 14 日 18 时汀江棉花滩水库出现洪峰流量 4270 m^3/s，6 月 17 日 12 时韩江潮安站出现洪峰流量 10700 m^3/s，棉花滩入库洪峰流量预报相对误差 —14.52%，潮安站洪峰流量预报相对误差 0.93%，编号洪水出现时间预报准确。

西江第 3 号洪水期间，6 月 10—13 日的气象部门逐日模式降雨预报显示 6 月 10—14 日西江中下游一带将有持续中到大雨降雨过程，6 月 13 日桂江可能有暴雨天气。6 月 12 日，模式降雨预报调大了 6 月 13 日的浔江、桂江的降雨。水文部门根据气象部门降雨数值预报逐日滚动开展西江干支流主要控制断面未来一周来水预测，6 月 10 日上午，预测西江干流及支流柳江、桂江将再次出现明显涨水过程，西江将有可能发生第 3 号洪水。6 月 12 日 8 时梧州站水位已涨至 17.27m，距离警戒水位还有 1.23m，水文部门更新预报 6 月 12 日晚梧州站将出现超警戒水位。6 月 12 日下午，水文部门发布西江洪水蓝色预警。6 月 13 日上午，水文部门预报柳江柳州站、桂江京南站将可能于 6 月 14 日上午分别出现洪峰流量 8280 m^3/s、8520 m^3/s；西江梧州站将可能于 6 月 15 日凌晨出现洪峰流量 39500 m^3/s。6 月 13 日下午，水文部门发布西江、郁江、贺江洪水蓝色预警。6 月 14 日下午水文部门升级发布西江、贺江洪水黄色预警。

北江第 1 号洪水期间，6 月 11—13 日的气象部门逐日模式降雨预报显示，6 月 13—15 日的暴雨区在北江上下游之间来回摆动。水文部门根据气象部门降雨数值预报逐日滚动开展北江干支流主要控制断面未来一周来水预测，6 月 11 日上午，水文部门发布北江干流将出现一次明显涨水过程的洪水趋势预测。6 月 13 日 8 时北江石角站流量缓慢增加至 7830 m^3/s，水文部门预计北江石角站流量将可能于 6 月 14 日下午超过 12000 m^3/s，北江将可能发生 2022 年第 1 号洪水。6 月 14 日 8 时预报石角站将可能于 6 月 15 日凌晨出现洪峰流量 13300 m^3/s。6 月 14 日中午，水文部门发布北江洪水蓝色预警，6 月 15 日中午升级发布北江洪水黄色预警。

韩江第 1 号洪水期间，6 月 11—15 日的气象部门逐日模式降雨预报总体偏小，仅 12 日和 13 日分别预报出 14—15 日梅江至韩江中游的暴雨区，但 13 日汀江中下游暴雨、14 日汀江上游大暴雨、16 日韩江中游暴雨均没有报出。水文部门密切关注韩江洪水编号站点水情变化，根据气象部门降雨数值预报逐日滚动开展韩江干支流主要控制断面未来一周来水预测，6 月 11 日，韩江三河坝水文站水位快速上涨。由于三河坝站已受下游高陂水库回水影响，无实时监测流量，珠江委根据韩江河系洪水预报方案演算得到三河坝站 6 月 12 日 8 时流量约 4100 m^3/s，与广东省水文局沟通确认三河坝站流量未达到韩江编号洪水标准，并根据模式降雨预报，发布韩江洪水趋势预测，预计未来一周，梅江、汀江、韩江干流均可能出现一次明显涨水过程。6月13日8时汀江棉花滩入库流量增加至 $2310\mathrm{m}^3/\mathrm{s}$，6月13日6时韩江三河坝站报汛流量 $4600\mathrm{m}^3/\mathrm{s}$。6月13日上午，水文部门预报韩江三河坝站流量将可能于6月13日下午超过 $4800\mathrm{m}^3/\mathrm{s}$，韩江将发生2022年第1号洪水。6月13日下午，水文部门发布汀江洪水蓝色预警，6月14日上午预报汀江棉花滩水库将于6月14日下午出现洪峰流量 $3650\mathrm{m}^3/\mathrm{s}$。6月14日下午水文部门根据雨水情变化，以及棉花滩水库最新的调度计划，预报韩江三河坝站将于6月15日凌晨出现洪峰流量 $8500\mathrm{m}^3/\mathrm{s}$，6月15日上午发布韩江洪水蓝色预警。水文部门6月17日上午升级发布韩江洪水黄色预警，并预计6月17日中午前后潮安站将出现洪峰流量 $10800\mathrm{m}^3/\mathrm{s}$。

四、北江特大洪水和西江第 4 号洪水预报预警

北江特大洪水和西江第4号洪水期间，水文部门于6月17日提前6～7天发布西江、北江将可能出现较大洪水过程趋势预测，6月18—20日预报降雨中心发生较大偏离，水文部门滚动跟踪降雨变化，不断修正西江和北江干支流洪水趋势预测成果，及时发布北江特大洪水红色预警，提前1～2天准确预报北江干流飞来峡水库入库洪峰和西江干流武宣站和梧州站洪峰，为西北江错峰调度提供了有力的预测预报技术支撑。

6月15—21日，北江、西江出现一次较强降雨过程，北江降雨主要集中在6月16—21日，累积降雨量一般有100～250mm，其中北江中上游250～400mm，北江中游干流、连江、滃江、潖江超过400mm。6月19日12时，北江干流石角水文站流量涨至 $12000\mathrm{m}^3/\mathrm{s}$，将其编号为"北江2022年第2号洪水"。6月21日16时浈江新韶站出现洪峰流量 $6120\mathrm{m}^3/\mathrm{s}$，6月22日21时连江高道站出现洪峰流量 $8650\mathrm{m}^3/\mathrm{s}$，6月22日23时北江干流飞来峡水库出现入库洪峰流量 $19900\mathrm{m}^3/\mathrm{s}$。新韶站洪峰流量预报相对误差 -10.13%，高道站洪峰流量预报相对误差 4.05%，飞来峡入库洪峰流量预报结果基本一致。

西江降雨主要集中在6月15—21日，累积降雨量一般有50～100mm，其中红水河部分地区、柳江、桂江中上游、贺江中上游等地100～250mm，柳江中游、桂江上游达250～400mm。6月19日8时西江梧州站水位复涨至20.95m，仍超警戒水位2.45m，将其编号为"西江2022年第4号洪水"。6月21日6时50分柳江柳州站出现洪峰流量 $16400\mathrm{m}^3/\mathrm{s}$，6月22日7时黔江武宣站出现洪峰流量 $24000\mathrm{m}^3/\mathrm{s}$，6月23日8时45分桂江京南站出现洪峰流量 $11200\mathrm{m}^3/\mathrm{s}$，6月23日16时25分西江梧州站出现洪峰流量 $34000\mathrm{m}^3/\mathrm{s}$，柳州站洪峰流量预报相对误差 -0.61%，武宣站洪峰流量预报相对误差 -1.67%，京南站洪峰流量预报相对误差 -0.89%，梧州站洪峰流量预报相

对误差 7.94%。

北江特大洪水期间，6 月 13—15 日气象部门的逐日模式降雨预报均显示，6 月 17—20 日北江中上游可能出现持续性的暴雨到大暴雨天气。6 月 16 日起，欧洲模式却逐日调小了北江降雨预报，与实际降雨偏差较大。水文部门根据气象部门降雨数值预报逐日滚动开展北江干支流主要控制断面未来一周来水预测，6 月 17 日上午预报北江石角站流量将可能于 6 月 18 日夜间至 19 日凌晨超过 12000m^3/s，北江将可能出现第 2 号洪水，6 月 18 日下午发布北江洪水蓝色预警。6 月 20 日上午，水文部门根据前期雨水情和预报降雨偏差，给出北江将可能发生较大洪水的趋势预测，升级发布北江洪水黄色预警。6 月 20 日 16 时，北江石角站流量增加至 15500m^3/s，达到大洪水量级，升级发布北江洪水橙色预警。6 月 21 日 8 时北江上游浈江新韶站流量涨至 5220m^3/s，中游支流连江高道站流量涨至 6150m^3/s，均达到较大洪水以上量级，水文部门开展北江干支流洪峰预报，预报浈江新韶站将可能于 6 月 21 日下午出现洪峰流量 5500m^3/s，连江高道站将可能于 6 月 22 日凌晨出现洪峰流量 9000m^3/s，北江飞来峡水库将可能于 6 月 22 日凌晨出现入库洪峰流量 18000m^3/s，不考虑飞来峡水库调节，北江石角站将可能于 6 月 22 日上午出现洪峰流量 18500m^3/s。6 月 22 日上午，水文部门更新北江洪峰预报结果，预报北江飞来峡水库将可能于 6 月 22 日晚出现入库洪峰流量 19900m^3/s，不考虑飞来峡水库调节，北江石角站将可能于 6 月 23 日上午出现洪峰流量 20100m^3/s。6 月 22 日 12 时北江石角站流量 18500m^3/s，达到特大洪水量级，并超过该站历史实测最大值，水文部门升级发布北江洪水红色预警，为 2013 年以来首次。

西江第 4 号洪水期间，6 月 15—17 日气象部门的模式降雨预报显示 6 月 17—20 日柳江、桂江一带将有暴雨到大暴雨过程。实际降雨中心落区偏东偏北，主要集中在桂江中上游一带。降雨中心落区发生变化，导致洪水组成也随之发生变化，西江洪水由原来预报的以柳江、桂江洪水为主，转变为实际的以桂江洪水为主。水文部门根据气象部门降雨数值预报逐日滚动开展西江干支流主要控制断面未来一周来水预测，6 月 17 日上午，水文部门预计西江中下游干流、支流柳江、桂江未来一周将可能出现较大洪水。6 月 20 日上午，水文部门预计柳江柳州站、桂江京南站将可能于 6 月 21 日上午分别出现洪峰流量 16500m^3/s、7300m^3/s，黔江武宣站将可能于 6 月 22 日晚出现洪峰流量 26000m^3/s。6 月 20 日上午，水文部门发布西江、柳江洪水蓝色预警，20 日下午升级发布贺江洪水黄色预警。6 月 21 日凌晨，桂江京南站流量超过 8000m^3/s，贺江合面狮水库入库流量已涨至 3750m^3/s。6 月 21 日上午，水文部门更新预报桂江京南站将可能于 6 月 21 日下午出现洪峰流量 9100m^3/s，黔江武宣站将于 6 月 22 日凌晨出现洪峰流量 23600m^3/s，根据贺江落地雨情况开展合面狮水库的入库洪峰预报，预计 6 月 21 日上午合面狮最大入库流量 4200m^3/s。由于同期北江发生特大洪水，珠江委调度大藤峡水库拦蓄洪水，成功使西江第 4 号洪水洪峰没有和北江特大洪水洪峰在珠江三角洲遭遇。根据大藤峡水库调度，6 月 22 日 8 时滚动开展西江梧州站和桂江京南站洪峰预报，预计梧州站将可能于 6 月 23 日上午出现洪峰流量 36700m³/s，京南站可能于 6 月 23 日凌晨出现洪峰流量 11100m³/s。

五、北江第 3 号洪水预报预警

北江第 3 号洪水期间，水文部门于 7 月 3 日提前 3 天发布北江干流将出现明显涨水过程的洪水趋势预测，提前准确预报编号洪水出现时间，密切跟踪区间降雨变化，及时发布洪水预警，提前 1 天准确预报北江干流飞来峡水库入库洪峰和控制站石角站洪峰。

2022 年第 3 号台风"暹芭"于 6 月 30 日在我国中沙群岛附近的南海中北部海域生成，随后向西北偏北方向缓慢移动，7 月 2 日下午在广东电白沿海登陆，登陆时中心附近最大风力有 12 级（35m/s，台风级）。受其影响，7 月 2—6 日，北江出现一次较强降雨过程，大部分地区累积降雨量 100～250mm，其中北江中下游 250～400mm，北江中游干流部分地区、连江下游超过 400mm。7 月 5 日 7 时 35 分，北江干流石角水文站实测流量 12000m³/s，将其编号为"北江 2022 年第 3 号洪水"。7 月 5 日 21 时滃江滃江站出现洪峰流量 3040m³/s，7 月 6 日 9 时北江飞来峡水库出现入库洪峰流量 13500m³/s，7 月 6 日 22 时北江石角站出现洪峰流量 14000m³/s，滃江站洪峰流量预报相对误差 8.55%，飞来峡入库洪峰流量预报相对误差 1.48%，石角站洪峰流量预报基本一致，编号洪水出现时间预报准确。

北江第 3 号洪水期间，7 月 2—4 日气象部门的逐日模式降雨预报随台风预报路径不断调整，但总体降雨预报偏小，仅预报出 7 月 3—4 日的日降雨量 50～100mm 暴雨过程。实际 7 月 2—4 日北江自下游向上游先后出现日降雨量 100～250mm 大暴雨过程。水文部门根据气象部门降雨数值预报逐日滚动开展北江干支流主要控制断面未来一周来水预测。7 月 3 日上午，预计北江干流将出现明显涨水过程。7 月 4 日上午，预计北江石角站流量将于 7 月 4 日夜间至 5 日凌晨超过 12000m³/s，北江将出现第 3 号洪水的预报预警。7 月 5 日上午，水文部门开展北江干支流洪峰预报，预报北江中游支流滃江滃江站将于 7 月 5 日晚出现洪峰流量 3300m³/s，北江干流飞来峡水库将于 7 月 6 日凌晨出现入库洪峰流量 13700m³/s，北江石角站将于 7 月 6 日下午出现洪峰流量 14000m³/s。7 月 5 日上午，水文部门发布北江洪水蓝色预警。7 月 6 日上午，根据飞来峡水文站监测的飞来峡水库出库情况将北江石角站出现洪峰的时间修正为 7 月 6 日晚。

第六章

流域统一调度
发挥防洪工程体系关键作用

珠江流域北靠南岭，西部为云贵高原，中部和东部为低山丘陵盆地，东南部为三角洲冲积平原，地势西北高、东南低，流域主要控制性工程天生桥一级、龙滩、大藤峡位于中上游贵州、广西等省（自治区），主要防洪保护对象粤港澳大湾区城市群及梧州等重点防洪城市位于流域下游。珠江防洪调度必须要立足于流域全局，统一调度水工程，上下游统一联动，干支流协同配合，打出水工程调度组合拳，正向叠加水工程调度效益，发挥流域防洪工程体系的防洪减灾关键作用，确保防洪安全。面对珠江"22.6"特大洪水，在水利部的正确指导下，珠江防总、珠江委会同广东、广西、福建等省（自治区）水利部门，坚持以流域为单元，统筹流域全局，强化流域统一调度，西江首次实现干支流五大库群 24 座水库联合防洪调度，北江首次启用潖江蓄滞洪区与飞来峡等水库、分洪闸联合防洪调度，充分挖掘西江、北江中上游水工程洪水调蓄潜力，科学精细实施水工程联合调度，成功将 8 场洪水特别是北江特大洪水的洪水量级压减至主要堤防的防洪标准以内，有效减轻了西江、北江及韩江下游防洪压力，确保了西江、北江干堤等重要堤防安全，确保了粤港澳大湾区等重点保护目标安全。

第一节　珠江"22.6"特大洪水调度思路

一、防洪调度面临形势

（1）珠江"22.6"特大洪水期间，预报降雨强度及落区不断变化，洪水量级和峰现时间存在较大的不确定性，干支流洪水演进、组成、遭遇情况存在多种可能，且由于连续迎战多次编号洪水，如何准确把握拦洪和预泄腾库合理运用防洪库容，也是防洪调度决策需要解决的难题。

（2）北江中下游重要防护屏障北江大堤在 2008 年达标加固后尚未经历过特大洪水的考验，珠江流域唯一国家蓄滞洪区潖江蓄滞洪区正在建设尚不能全部正常启用，飞来峡库区英德防洪片常住人口近 30 万人制约着水库高水位调度运用。面对超百年一遇特大洪水复杂防汛形势，以及水库、堤防、蓄滞洪区调度运用中的风险和制约，如何统筹上下游防洪需求，充分发挥北江防洪工程体系作用是北江防洪调度的重点，也是难点。

（3）西江龙滩等主要防洪水库在流域上游，有效控制集水面积较小，且距离下游防洪保护对象洪水演进时间长，发生中下游型洪水时按设计调度规则拦洪作用有限。流域中下游的防洪控制性工程大藤峡水利枢纽仍在建设，无法完全发挥设计防洪作用。如何挖掘西江干支流大中型水库的防洪作用，系统调度全流域水工程难度较大。

（4）西江、北江洪水连续两次同时发生编号洪水，西江、北江洪水在珠江三角洲遭遇后洪峰流量可能超过三角洲重要堤围设计标准，在三角洲地区又遭遇近 100 年一遇的高潮位，严峻威胁着粤港澳大湾区城市群的防洪安全。西江、北江洪水在思贤滘汇集，过流相互影响，如何通过西江、北江水工程群联合防洪调度优化珠三角泄洪格局，将珠江三角洲各河段控制在安全水位以下，也是实施精准防洪调度的难题。

二、调度思路

按照水利部的部署要求，珠江防总、珠江委与流域有关省（自治区）锚定 "人员不伤亡、水库不垮坝、北江西江干堤不决口、珠江三角洲城市群不受淹" 的防御目标，坚持以流域为单元，逐江河、逐河段、逐区域研判洪水防御形势，充分考虑预测预报不确定性，动态优化流域干支流水工程调度运用组合和调度方式，科学精细实施流域防洪统一调度，全力确保珠江安澜。

一是以 "下保广州、佛山，上不淹清远英德" 为底线，全面运用北江防洪工程，首次启用潖江蓄滞洪区分洪，力保北江防洪安全。根据降雨预报及洪水演进过程，系统调度乐昌峡、湾头等北江中上游干支流水库群拦蓄洪水，力保韶关市防洪安全，全力削减飞来峡水库入库流量；实时滚动研判北江上游、下游防御形势，精细调度飞来峡水库拦洪削峰，选准时机，果断启用潖江蓄滞洪区滞洪、利用芦苞涌和西南涌分洪，确保将洪水量级压减至北江大堤安全泄量之内，确保广州、佛山、清远等重点防洪对象防洪安全，同时避免飞来峡库区内的清远英德市主城区受淹。

二是以 "柳州、梧州不受淹" 为底线，系统调度西江水库群全面控泄，在建大藤峡工程投入使用，全力减轻西江防洪压力。全面运用西江干支流 "五大兵团" 24 座水库控泄洪水，全力挖掘西江干支流水库群拦洪、削峰、错峰潜力，统筹运用长期、中期、短期预测预报成果，提早调度西江上游大型水库群全力拦洪，调度中上游干支流梯级水库提前预泄腾库，选准时机全力拦洪、错峰，发挥在建大藤峡工程的流域控制性工程关键作用，充分运用其 7 亿 m^3 防洪库容拦洪、削峰，精准削减西江洪峰流量，减轻西江下游沿线防洪压力，确保梧州、柳州等重点防洪城市安全，兼顾浔江两岸低标准防护区安全。

三是以 "避免西江、北江洪水恶劣遭遇" 为联合调度目标，实施西江、北江水工程联合调度，确保粤港澳大湾区防洪安全。滚动分析西江、北江洪水演进过程以及珠江三角洲涨潮过程，实施西江、北江洪水错峰调度，通过优化西江水库群优化调度拦洪滞洪，将西江洪峰出现时间尽可能推迟，避免西江洪峰和北江洪峰遭遇，为北江洪水首先安全宣泄创造有利条件，进一步减轻西江、北江下游防洪压力，确保广州、佛山、肇庆、江门、中山、珠海等粤港澳大湾区城市群防洪安全。

第二节 调度过程

一、珠江"22.6"特大洪水发展期调度过程

珠江"22.6"特大洪水发展期为 5 月下旬至 6 月中旬，西江中北部的强降雨导致西江连续发生 3 次编号洪水，流域降雨范围由西江扩大至北江、韩江，导致北江、韩江分别发生第 1 次编号洪水。

（一）西江第 1 号洪水调度

1. 洪水调度安排

受强降雨影响，5 月 22 日起西江上游干流红水河、柳江、右江、郁江、桂江、贺江等出现明显涨水过程。5 月 30 日 11 时，西江上游龙滩水库入库流量涨至 10900m³/s，将其编号为"西江 2022 年第 1 号洪水"，本次洪水主要来源于柳江和红水河，属于西江中上游型洪水。

洪水调度安排：5 月 22 日 8 时，西江上游龙滩、天生桥一级、光照水库汛限水位❶以下库容 98.8 亿 m³，对洪水具有较大调节能力。在确保防洪安全的前提下，统筹考虑防洪、发电、航运效益，减少下游电站梯级弃水，主要考虑调度龙滩水库拦蓄上游来水，同时调度天生桥一级、光照水库拦蓄南盘江、北盘江洪水，尽可能削减龙滩入库洪量，岩滩等红水河梯级电站配合龙滩水库调度拦蓄洪水，百色水库在兼顾发电效益的情况下拦蓄郁江洪水，减轻下游防洪压力。

2. 调度决策过程

（1）5 月 22 日洪水应对方案。根据流域降雨预报，本轮洪水以柳江和红水河来水为主，属于中上游型洪水，主要考虑采用中上游水库天生桥一级、光照、龙滩、百色等拦蓄。当时，西江上游龙滩水库库水位为 341.50m，汛限水位以下库容为 42.0 亿 m³。考虑洪水由龙滩水库到梧州的传播时间为 5 天左右，预测梧州峰现时间为 27 日左右，为削减西江干流控制站梧州洪峰流量，有效降低西江中下游水位，统筹水库防洪、发电、航运效益，充分利用水资源，避免红水河梯级电站弃水，龙滩水库从 5 月 22 日起按照流量 2000m³/s 出库拦蓄西江上游来水；考虑百色水库当时水位在汛限以下，为配合龙滩水库调度进一步减轻下游防洪压力，百色水库从 5 月 22 日起按照流量 600m³/s 出库拦蓄右江来水。

（2）5 月 23 日洪水应对方案。5 月 23 日，根据当日最新水情预报结果，预测梧

---

❶ 汛限水位：又称汛期限制水位，水库汛期允许兴利蓄水的上限水位。

州 5 月 28 日左右出现洪峰，洪峰流量为 24000m³/s，和 22 日预报结果相比，峰现时间推迟 24 小时，洪峰流量增大。龙滩、百色水库继续维持前期调度方案，分别按流量 2000m³/s、600m³/s 继续拦蓄上游来水。根据最新预报，龙滩水库将有一个涨水过程，天生桥一级、光照水库当时汛限水位以下库容分别为 40.0 亿 m³、16.8 亿 m³，考虑天生桥一级、光照水库从 5 月 23 日起分别按流量 780m³/s、100m³/s 出库，削减南盘江、北盘江洪水从而减少龙滩入库。

（3）5 月 24—28 日洪水应对方案。5 月 24—28 日，根据每日最新水情滚动预报，梧州峰现时间在 5 月 28—29 日，洪峰量级在 25000～26000m³/s 之间，其中龙滩入库在 28 日 14 时出现洪峰，洪峰流量为 10700m³/s，流域来水仍然是以西江中上游为主。天生桥一级、光照、龙滩、百色水库维持前期调度方案。

（4）5 月 29 日—6 月 2 日洪水应对方案。5 月 29 日，根据当日最新水情滚动预报结果，预报梧州 5 月 29 日 14 时左右出现洪峰，洪峰流量为 26500m³/s；5 月 30 日 11 时，西江上游龙滩水库入库流量涨至 10900m³/s，受龙滩涨水影响，下游梧州出现复涨过程，于 6 月 2 日 6 时 15 分出现洪峰流量 26000m³/s，此后处于退水过程，但在 6 月上旬流域即将迎来新一轮降雨。此时天生桥一级、光照、龙滩水库水位分别为 755.90m、711.60m、349.30m，汛限水位以下库容 34.7 亿 m³、14.2 亿 m³、25.9 亿 m³，综合考虑防洪与发电需求，龙滩水库从 30 日起按机组满发流量出库，减少库水位上涨速度，天生桥一级、光照水库仍然维持原方案；百色水库水位接近汛限水位 214.00m，考虑到此次洪水马上进入退水阶段，百色水库 5 月 29 日 20 时开始出入库平衡，水位保持在汛限水位附近运行。岩滩水库水位 220.80m，为腾出库容迎接下一场洪水做准备，岩滩水库从 5 月 30 日开始加大出库将水位预泄至汛限水位 219.00m。

西江第 1 号洪水水库调度方案决策过程如图 6-1 所示。

3. 调度效果

西江第 1 号洪水期间，通过天生桥一级、光照、龙滩、百色等西江中上游水库群联合调度，共计拦蓄洪量 38.5 亿 m³，具体见表 6-1；削减西江干流梧州洪峰流量 4800m³/s，降低水位 1.20m，如图 6-2 所示，成功避免了西江干流发生超警洪水。

表 6-1　　　　　西江第 1 号洪水期间主要水库拦蓄统计

水库名称	拦蓄洪量/亿 m³	削峰量/(m³/s)	削峰率/%
龙滩	22.8	7080	65
天生桥一级	7.7	1850	71
光照	3.9	660	57
百色	2.6	780	34
柳江梯级	1.5	—	—

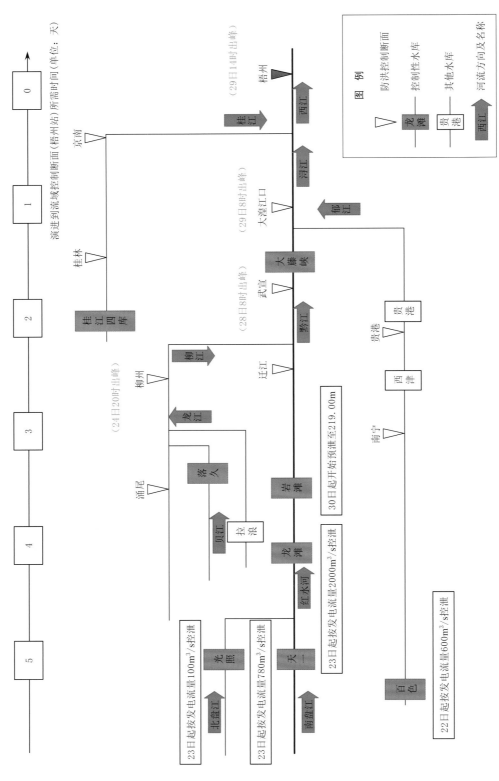

图 6-1　西江第 1 号洪水水库调度方案决策过程

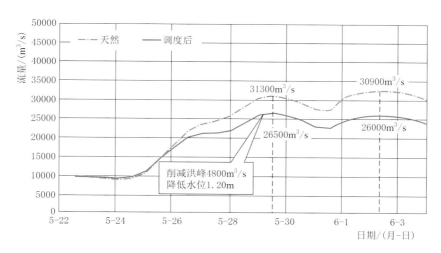

图 6 – 2　西江第 1 号洪水梧州站调度前后过程

4. 调度小结

西江第 1 号洪水是流域首场编号洪水，主要来水为上游南盘江、北盘江洪水，以及郁江上游右江，下游来水相对较小，为西江中上游型洪水。若西江干支流水库按设计规则调度，仅能削减梧州站洪峰流量 1200m³/s，对下游削峰作用有限。汛前为做好迎战大洪水准备，已督促指导流域骨干水库做好削落调度，在确保防洪库容的基础上，腾出汛限水位以下库容迎汛。在应对此次洪水过程中，统筹上下游防洪形势，统筹防洪和水资源利用，优化调度天生桥一级、光照、龙滩、百色等西江中上游水库群拦蓄洪水，减轻下游洪峰，成功避免了西江干流发生超警洪水。在确保水库安全的前提下，最大程度运用了流域干支流水库拦洪错峰能力，同时兼顾了干支流梯级水资源利用，有效减少了弃水，增加了发电效益，实现了防洪与兴利共赢。

（二）西江第 2 号洪水调度

1. 洪水调度安排

6 月 5 日柳江上游出现 5 年一遇洪水，洪峰流量达 18300m³/s，柳江、桂江等 25 条河流发生超警洪水，6 月 8 日西江干流梧州水文站的水位超过警戒水位❶，洪峰流量达 32000m³/s，出现西江 2022 年第 2 号洪水，本次洪水主要来源于柳江，属于西江中上游型洪水。

洪水调度安排：考虑到本次洪水过程还是以中上游来水为主，主要调度龙滩水库拦蓄上游来水，同时调度天生桥一级、光照水库拦蓄南盘江、北盘江洪水，削减龙

---

❶　警戒水位：是指在江、河、湖泊水位上涨到河段内可能发生险情的水位。

滩入库洪量；同时预测柳江来水较大，可能出现西江干流洪水与柳江洪水遭遇的不利情况，调度岩滩水库拦蓄错柳江洪水；百色水库在兼顾发电效益的情况下拦蓄郁江洪水；贺江有明显的涨水过程，调度龟石、合面狮拦蓄贺江洪水。

2. 调度决策过程

（1）6月2日洪水应对方案。根据气象水文预测，本轮洪水以柳江来水为主，预测柳江柳州站将于6月5日20时出峰，洪峰流量为16700m³/s；西江下游控制站梧州站将于6月8日左右出峰，洪峰超过40000m³/s。

经过上一轮拦蓄之后，截至6月2日8时，西江上游龙滩、天生桥一级、光照水库汛限水位以下库容分别为17.2亿m³、19.8亿m³、12.0亿m³。由于本次洪水过程是以中上游来水为主，且龙滩入库较大，考虑流域刚刚进入主汛期，以及本次降雨来水的不确定性，为避免过早动用龙滩水库防洪库容❶，经过珠江委与广西壮族自治区水利厅、南方电网、广西电网及有关水库管理单位视频连线会商后，决定龙滩水库从6月3日起按3500～3800m³/s控制出库拦蓄上游来水，天生桥一级、光照水库分别按流量780m³/s、100m³/s出库，削减龙滩入库洪水。

据水文气象部门预测本次降雨柳江来水较大，可能出现干流洪水与柳江洪水遭遇的不利情况，考虑洪水演进时间，岩滩水库在柳州峰现前24小时拦蓄效果最佳。鉴于第一轮强降雨后流域主要干支流、水库都已经处于高水位运行，为后期调度做好准备，在上一场洪水退水过程中已组织岩滩水库预泄，百色水库则从6月2日开始按流量1200m³/s预泄。

（2）6月3—4日洪水应对方案。

1）6月3日，根据最新水情滚动预报，柳州和梧州峰现时间和前一日预报结果保持一致，但洪水量级有所减小。龙滩、天生桥一级、光照、百色水库维持前期调度方案，岩滩水库已经按照要求预泄至219.00m左右。

2）6月4日，根据最新水情滚动预报，柳江支流贝江有一个涨水过程，考虑到洪水由落久传播到柳江时间为24小时左右，调度落久水库6月4日8时开始按流量2800m³/s拦蓄贝江来水减轻柳江下游防洪压力，落久水库水位达到防洪高水位后保持出入库平衡。

预报柳州站将于6月5日晚上至6月6日凌晨出现洪峰，考虑河道洪水传播时间，岩滩于6月4日20时开始按流量4000m³/s出库拦蓄红水河来水错柳江洪峰。

同时根据预报，6月5日迁江、柳江、对亭三站洪峰流量之和超过20000m³/s，为减少库区防洪压力，腾出库容，必要时拦蓄洪水削减干流洪峰，大藤峡水库从6月

---

❶　防洪库容：是指防洪高水位至防洪限制水位之间的水库容积，用以控制洪水，满足水库下游防洪保护对象的防洪要求。

4日开始预泄,库水位由47.60m逐渐消落,于6月5日预泄至44.00m,后续维持在44.00m附近运行。

(3)6月5—6日洪水应对方案。6月5日,根据最新水情滚动预报,柳江柳州站将于6月5日20时现峰,洪峰流量17500m³/s左右,预报西江梧州站将于6月8日凌晨左右现峰,龙滩、天生桥一级、光照、岩滩水库维持前期调度方案。为进一步减轻下游防洪压力,百色水库于6月5日凌晨开始按流量800m³/s出库拦蓄右江来水。

(4)6月7日洪水应对方案。6月7日,根据最新水情滚动预报,梧州站将于6月8日8时出现洪峰,洪峰流量33800m³/s,此后处于退水过程。6月7日8时,天生桥一级、光照、龙滩水库水位分别为761.70m、726.80m、355.80m,均低于汛限水位。鉴于当时防汛形势,天生桥一级、光照水库继续按照发电计划出库。百色水库水位213.30m,接近汛限水位,百色水库恢复发电调度,控制水位不超汛限水位。岩滩水库水位221.70m,高于汛限水位,考虑到本次洪水即将处于退水过程,同时后面又将迎来新一轮降雨过程,岩滩水库6月7日20时起逐步降低运行水位,腾出库容为后期拦洪做准备。6月7日6时,大藤峡水库入库洪峰流量达25700m³/s,之后随入库流量消退逐步回蓄至汛限水位47.60m附近运行。西江第2号洪水水库调度方案决策过程如图6-3所示。

3. 调度效果

通过天生桥一级、光照、龙滩、岩滩、百色、落久等西江中上游水库群联合调度,充分发挥了流域骨干水库的拦洪、削峰和错峰作用,西江第2号洪水期间共计拦蓄洪量19.59亿m³,见表6-2;削减西江干流梧州洪峰流量5000m³/s,降低水位1.50m,缩短超警时间12小时,如图6-4所示,有效减轻了西江中下游沿线防洪压力,为大藤峡工程施工度汛安全提供有力支撑。

表6-2 西江第2号洪水期间主要水库拦蓄统计

水库名称	拦蓄洪量/亿m³	削峰量/(m³/s)	削峰率/%
龙滩	7.97	4100	51
岩滩	2.15	1720	33
天生桥一级	3.52	1650	69
光照	3.58	1530	94
百色	1.40	480	36
落久	0.97	2600	52

4. 调度小结

西江第2号洪水过程以中上游来水为主,属西江中上游洪水。若西江干支流水库

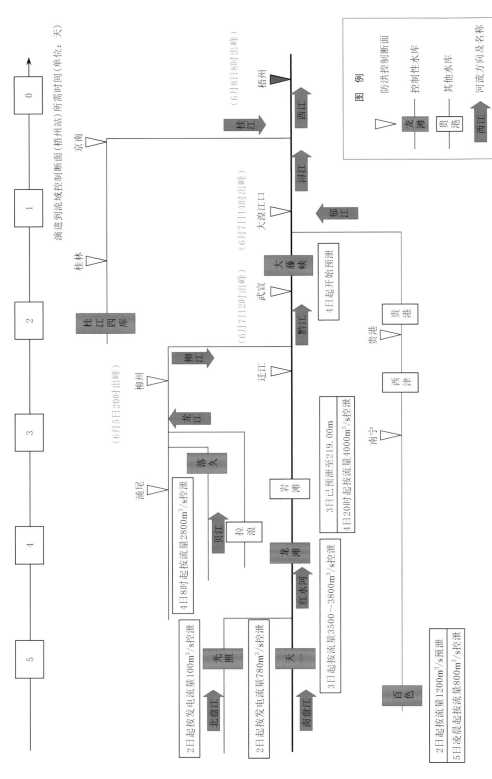

图 6-3 西江第 2 号洪水水库调度方案决策过程

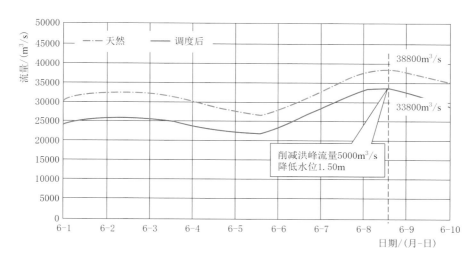

图 6 - 4　西江第 2 号洪水梧州站调度前后过程

按设计规则调度，仅能削减梧州站洪峰流量 2300m³/s，对下游削峰作用有限。在应对此次洪水过程中，统筹上下游防洪形势，统筹防洪和水资源利用，优化调度天生桥一级、光照、龙滩、百色等西江中上游水库群拦蓄洪水，减轻下游洪峰；根据预报柳江来水较大，及时调度岩滩水库预泄腾出库容，并根据柳江洪峰时间拦蓄红水河洪水错柳江洪峰。从整个调度过程来说，各水库调度运用时机和调度方式精准高效，通过调度避免了西江下游沿线低洼地区受淹；使流域各梯级水电站保持高水头满发运行，也为后期发电储备了水源，同时避免了西江下游黄金水道全线停航，充分发挥了流域水工程综合效益。

（三）西江第 3 号洪水、北江第 1 号洪水和韩江第 1 号洪水调度

1. 洪水调度安排

（1）西江、北江洪水调度。6 月 9 日起，西江红水河、柳江、郁江、桂江、贺江等出现明显的涨水过程，6 月 12 日，西江梧州站水位涨至 18.52m，超过警戒水位，出现编号为"西江 2022 年第 3 号洪水"。6 月 11 日起，北江流域出现持续性大范围降雨过程，北江干流及武水、连江、滨江、潖江、锦江等出现明显涨水过程。6 月 14 日 11 时，北江石角站流量涨至 12000m³/s，出现编号为"北江 2022 年第 1 号洪水"。

洪水调度难点：本场洪水为全流域型洪水，流域降雨总体稳定，但局部变化较大，洪水预报具有较大的不确定性；西江、北江同时发生编号洪水，东江出现了明显的涨水过程，加之珠江河口恰逢天文大潮，西北东江洪水与珠江三角洲高潮位遭遇。

西江洪水调度安排：本场洪水属于全流域型洪水，本次调度考虑调度天生桥一级、光照、龙滩、百色水库拦蓄上游来水，同时预测柳江来水较大，考虑调度岩滩水库错柳江洪峰。考虑到后期来水具有较大的不确定性，要充分统筹发电和防洪需求，合理优化水库调度过程，在确保防洪安全的前提下，为应对后续可能出现洪水留足库容。

北江洪水调度安排：北江飞来峡水库提前预泄，降低水位腾空库容，后续根据北江来水预测调度飞来峡水库精准拦蓄洪水，减轻库区防洪压力，同时视干支流洪水遭遇情况调度乐昌峡、南水、锦江、锦潭等水库错峰，减小飞来峡入库洪水。

西江、北江同时发生编号洪水，珠江流域发生流域性洪水。针对当时洪水和预测后续降雨情况，结合流域防洪工程分布情况、防汛形势，视北江洪水情况，西江水库群在拦蓄洪水减轻西江下游防洪压力的基础上，进一步挖掘水库潜能，与北江洪峰进行错峰调度，保障西北江三角洲防洪安全。

（2）韩江洪水调度。6月12日起，韩江流域中上游地区出现持续性大范围强降雨过程，韩江流域出现明显涨水过程。根据水文预测预报，棉花滩入库14日出现入库洪峰，洪峰流量 $4000\mathrm{m}^3/\mathrm{s}$ 左右；溪口站将于15日出现洪峰，洪峰流量 $5000\mathrm{m}^3/\mathrm{s}$ 左右。且梅江、汀江两江洪水遭遇，从洪水组成来看，梅江洪水以区间来水为主，属于偏不利洪水组成，由于梅江洪水调控水段有限，为有效应对本轮洪水，在确保水库安全的前提下，调度汀江棉花滩水库拦洪错峰能力，减轻汀江下游防洪压力，错梅江洪峰，保障韩江三角洲防洪安全。

2．调度决策过程

（1）洪水初期——西江洪水应对方案。6月9日，根据来水预报，结合发电负荷，天生桥一级、光照水库按照发电流量 $780\mathrm{m}^3/\mathrm{s}$、$100\mathrm{m}^3/\mathrm{s}$ 出库拦蓄南盘江、北盘江来水。龙滩水库当时水位355.80m，接近汛限水位，结合防洪与发电需求，加强与南方电网联合会商，龙滩水库6月9日起按照机组最大发电流量 $4000\mathrm{m}^3/\mathrm{s}$ 出库拦蓄，在确保防洪安全的前提下，为后期防洪预留充足的防洪库容；鉴于百色水库水位接近汛限水位，百色水库按照满发流量 $660\mathrm{m}^3/\mathrm{s}$ 出库，保持不超汛限水位运行，预留防洪库容应对后期洪水。

6月10日，根据当日水情预报，预测柳州14日左右出现洪峰，梧州15日左右出现洪峰，洪峰流量 $36700\mathrm{m}^3/\mathrm{s}$。考虑柳州14日左右出峰，岩滩12—13日左右进行拦蓄错柳江洪峰。鉴于岩滩水库当时水位在221.00m左右，岩滩水库从6月10日开始加大出库将水位预泄至汛限水位219.00m左右。天生桥一级、光照、龙滩、百色水库继续按照前期调度方案出库拦蓄上游来水。

（2）洪水中期——西江、北江、韩江同时发生编号洪水应对方案。

1）西江、北江水工程联合调度决策过程。6月12日，根据当日水情预报，梧州洪峰流量 $40000\mathrm{m}^3/\mathrm{s}$，和前一天预报相比，量级有所增大；北江下游控制站石角站将于6月14日至15日出现洪峰，洪峰流量将超 $13000\mathrm{m}^3/\mathrm{s}$。

西江岩滩水库水位已经预泄至汛限水位 219.00m，考虑到柳州出峰时间，岩滩水库从 6 月 12 日 22 时起按流量 3500m³/s 出库错柳江洪峰，同时控制运行水位不超过 222.00m。6 月 12 日 21 时，大藤峡水库入库流量达 20000m³/s，且预报后期西江中下游、北江流域仍有持续暴雨过程，大藤峡水库逐步加大泄量降低运行水位。天生桥一级、光照、龙滩、百色水库继续按照前期调度方案出库拦蓄上游来水。

北江飞来峡水库水位为 21.58m，低于汛限水位 24.00m，水库入库流量 6000m³/s，考虑后续北江来水形势，为尽量减少飞来峡拦洪期间库区临时淹没，飞来峡水库从 12 日 8 时开始加大出库，预泄腾空库容，并要求于 14 日前将水位降至 18.00m。北江支流武江乐昌峡水库当时水位 144.34m，低于汛限水位 144.50m；支流浈江锦江水库从 11 日 8 时开始加大出库腾空库容，将水位从 134.87m 降至当时水位 134.78m，低于汛限水位 135.00m；支流乳源河南水水库此前从 6 月 1 日起按出库 50m³/s 左右控制，水位从 207.96m 上涨至 211.69m，拦蓄洪量 1.20 亿 m³，距离汛限水位 215.50m 尚有库容 1.3 亿 m³；支流连江锦潭水库此前从 6 月 1 日起按出库 9m³/s 左右控制，水位从 212.62m 上涨至 223.34m，拦蓄洪量 5700 万 m³。

6 月 13 日，根据当日最新水情滚动预报结果，梧州洪峰流量 39500m³/s，峰现时间为 15 日 2 时；石角站峰现时间同样为 15 日 2 时，洪峰流量为 13300m³/s。

西江岩滩水库继续按流量 3500m³/s 出库错柳江洪峰，同时控制运行水位不超过 222.00m。大藤峡水库继续加大出库降低运行水位。天生桥一级、光照、龙滩、百色水库继续按照前期调度方案出库拦蓄上游来水。

北江飞来峡水库水位已降至 19.09m，当时入库流量 7200m³/s，水库水位将于 13 日 15 时前后降至 18.00m，后根据设计调度规则，闸门全开敞泄。支流武江乐昌峡水库水位 144.24m，低于汛限水位 144.50m。乐昌峡水库入库洪水自 13 日凌晨开始起涨，当时入库流量达 1350m³/s，水库从 13 日 15 时前后开始拦蓄武江洪水，出库流量控制不超过 2600m³/s；支流浈江锦江水库水位进一步下降至 134.23m，低于汛限水位 135.00m，锦江水库入库流量逐渐加大，水库开始减小出库拦蓄洪水；支流乳源河南水水库当时水位 211.90m，距离汛限水位 220.00m 尚有库容 1.26 亿 m³。支流乳源河南水水库当时入库洪水流量 157m³/s，并逐渐上涨，水库继续按流量不大于 80m³/s 控制出库；支流连江锦潭水库当时水位 224.28m，当时入库流量 83.8m³/s，水库按流量不大于 11m³/s 控制出库，继续拦蓄洪水。

2）韩江水库调度决策过程。6 月 12 日 8 时，棉花滩水库水位为 168.69m，防洪库容为 2.59 亿 m³。统筹防洪上下游防洪需求，结合后期韩江水情预报，为充分发挥棉花滩水库拦洪削峰，减轻汀江大埔县茶阳镇防洪压力，棉花滩水库 6 月 12 日按出库流量 1750m³/s 拦蓄上游来水。

6 月 13—14 日，根据当时水情滚动预报，溪口洪峰流量与峰现时间与 12 日预报结果一致，继续利用棉花滩水库拦蓄上游来水。综合考虑电网负荷，棉花滩水库13—14 日按出库流量 2100m³/s 拦蓄上游来水。

（3）洪水后期——退水阶段应对方案。

1）西江、北江水工程联合调度决策过程。6 月 14 日，柳州站 2 时已出现洪峰，当时处于退水过程，根据最新水情预报，预报梧州 15 日凌晨左右出峰，洪峰流量39600m³/s 左右；北江石角站将于当日下午 14 时左右出现洪峰，洪峰流量 13200m³/s，和前一日预报结果相比，峰现时间提前 6 小时，此后处于退水阶段。

西江岩滩水库由于前期错峰拦蓄，当时水位达到 221.80m，考虑到柳江已经出峰，岩滩从 14 日 8 时起恢复发电调度，并逐步降低运行水位。6 月 14 日 14 时，大藤峡水库水位降至防洪最低运用水位 44.00m，后续维持在低水位状态运行，留足库容迎接洪水。考虑电网负荷，龙滩水库按照机组最大发电流量出库。天生桥一级、光照、百色水库尚在汛限水位以下，后期按照电网发电流量出库。西江第 3 号洪水水库调度方案决策过程如图 6-5 所示。

北江飞来峡水库根据设计调度规则，闸门全开敞泄。飞来峡水库入库流量在 14 日 23 时前后出峰，最大洪峰流量 12500m³/s，水库水位涨至 20.90m。本场洪水飞来峡水库共拦蓄洪水 1.48 亿 m³，水库水位最高应用至 21.05m，飞来峡水库库区防护片未达到启用条件。当时，支流武江乐昌峡水库水位 147.93m，本场洪水乐昌峡水库共拦蓄洪量 2670 万 m³，乐昌峡水库入库洪水 14 日 0 时出峰，达到 3200m³/s，此后处于退水阶段；支流浈江锦江水库当时水位 134.56m，低于汛限水位 135.00m，本场洪水锦江水库拦蓄洪水 1100 万 m³。锦江水库入库流量已出峰，此后处于退水阶段；支流乳源河南水水库当时水位 212.22m，本场洪水南水水库共拦蓄洪量 4200 万 m³，水库入库已出峰，此后处于退水阶段，水库继续按流量不大于 80m³/s 控制出库；支流连江锦潭水库当时水位 225.71m，本场洪水锦潭水库共拦蓄洪量 2000 万 m³，水库入库已出峰，此后处于退水阶段，水库按流量不大于 11m³/s 控制出库，继续拦蓄洪水。

6 月 15 日 18 时，石角站出现最大洪峰流量 14400m³/s，此后本轮洪水处于退水期，但根据当日最新预报，17 日起北江即将迎来新一轮降雨。

2）韩江水库调度决策过程。6 月 15 日，根据当时水情滚动预报，溪口将于 15 日晚上至 16 日凌晨出现洪峰，洪峰流量 3600m³/s 左右。棉花滩水库当时水位171.90m，剩余防洪库容 0.5 亿 m³。鉴于此轮洪水马上进入退水过程，为腾出库容准备迎接下一场洪水，棉花滩水库按流量 2700m³/s 加大出库进行预泄。

3．调度效果

（1）西江洪水调度效果。西江第 3 号洪水期间，通过天生桥一级、光照、龙滩、岩滩、百色西江中上游水库群联合调度，充分发挥了流域骨干水库的拦洪、削峰和错

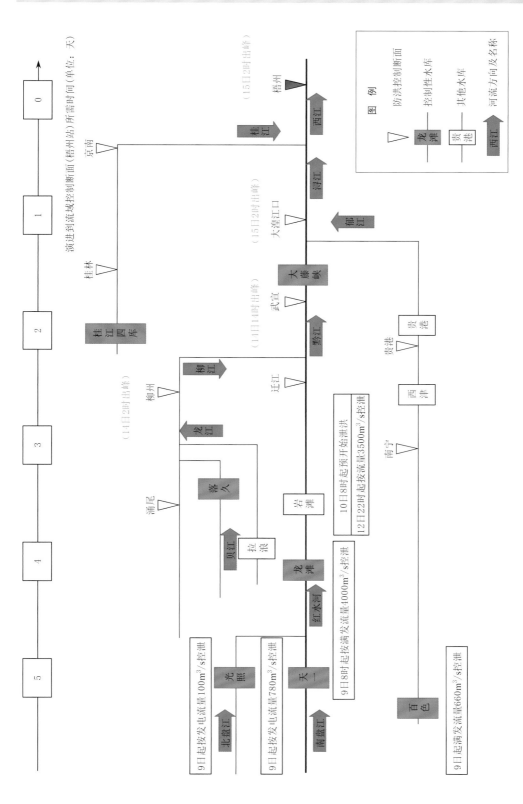

图 6-5 西江第 3 号洪水水库调度方案决策过程

123

峰作用，西江第 3 号洪水期间，西江水库群共计拦蓄洪量 12.90 亿 m³，具体见表 6-3；削减西江干流梧州洪峰流量 2500m³/s，降低水位 0.90m，如图 6-6 所示，有效减轻了西江中下游沿线防洪压力。

表 6-3　　　　　　　　　西江第 3 号洪水期间主要水库拦蓄统计

水库名称	拦蓄洪量/亿 m³	削峰量/(m³/s)	削峰率/%
天生桥一级	6.89	2070	71
光照	1.20	500	83
龙滩	2.13	1100	29
岩滩	2.37	2000	36
百色	0.31	280	28

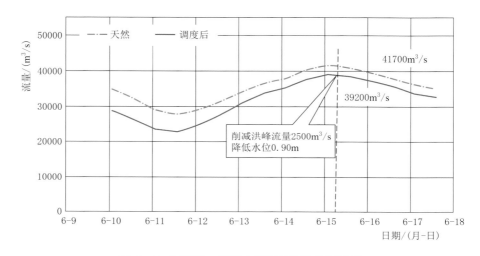

图 6-6　西江第 3 号洪水梧州站调度前后过程

（2）北江洪水调度效果。北江第 1 号洪水期间，飞来峡水库预泄腾空库容 1.78 亿 m³，拦蓄洪量 1.48 亿 m³，干支流其他水库共计拦蓄洪量 1 亿 m³，情况见表 6-4。北江第 1 号洪水石角站实测洪峰流量 14400m³/s，成功削减至北江大堤安全泄量 19000m³/s。飞来峡水库根据预报水情，按照设计调度规则提前预泄，在洪水到来前的 13 日下午将水位降至死水位 18.00m，有效避免了 6 月 14—15 日滞洪过程中库区临时淹没，库区未启用防护片。北江干流控制站石角站调度前后过程如图 6-7 所示。通过北江水库群联合调度，削减北江干流石角洪峰流量 1000m³/s 以上，降低水位 0.40m。

（3）西北江水工程联合调度效果。西江第 3 号洪水和北江第 1 号洪水同期发生，形成流域性较大洪水，动用西江中上游水库群拦蓄西江洪水错北江洪峰，动用北江飞来峡等水库拦蓄北江洪水。西北江水库联合调度后，削减思贤滘洪峰流量 2300m³/s，有效减轻了珠江三角洲防洪压力。

表6-4　　　　　　　　　北江第1号洪水期间主要水库拦蓄统计

水库名称	拦蓄洪量/亿 m³	削减流量/(m³/s)	削峰率/%
乐昌峡	0.27	630	20
南水	0.42	129	64
锦江	0.11	128	41
锦潭	0.20	119	93

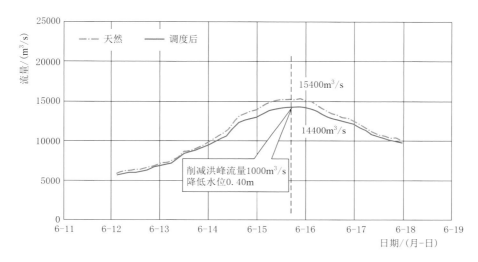

图6-7　北江第1号洪水石角站调度前后过程

（4）韩江水库群联合调度效果。韩江第1号洪水期间，干支流水库群共计拦蓄洪量2.93亿 m³，其中，汀江棉花滩水库拦蓄洪量2.06亿 m³，石窟河长潭水库拦蓄洪量0.45亿 m³，宁江合水水库拦蓄洪量0.19亿 m³，五华河益塘水库拦蓄洪量0.23亿 m³。经干流棉花滩水库调度，削减溪口洪峰流量2140m³/s，降低水位3.40m，具体情况如图6-8所示。

4．调度小结

本次洪水过程，西江、北江同时发生编号洪水，进一步发展为流域性较大洪水，韩江也发生编号洪水。若西江干支流水库按设计规则调度，仅能削减梧州站洪峰流量1500m³/s，对下游削峰作用有限。统筹洪水过程和降雨预报，调度优化后，进一步挖掘上游水库拦蓄能力；同时，根据预报柳江来水较大，及时调度岩滩水库预泄腾出库容，并根据柳江洪峰时间拦蓄红水河洪水错柳江洪峰，提前调度大藤峡水库预泄，腾出库容，必要时视北江来水进行错峰调度。根据北江洪水实时情况，选取上游水库拦蓄洪水，飞来峡提前预泄，减轻库区防洪压力，避免库区防护片运用。

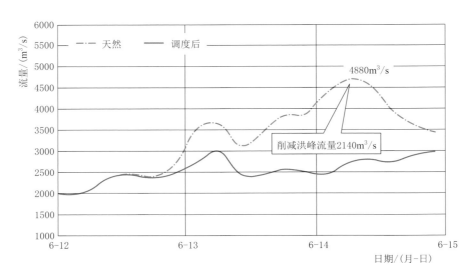

图 6-8　韩江第 1 号洪水溪口站调度前后过程

从整体看，水库运用方式时机科学，保障了西江、北江防洪安全，避免了库区临时淹没。

韩江洪水调度，通过实时滚动降雨来水预报，提早研判洪水量级，在确保棉花滩水库防洪保护对象韩江三角洲防洪安全不受影响的前提下，统筹防洪上下游防洪需求，优化棉花滩水库调度方案，充分发挥棉花滩拦洪削峰，减轻汀江大埔县茶阳镇防洪压力，减少低洼地区淹没范围，最大限度减轻了灾害损失。

二、珠江"22.6"特大洪水关键期调度过程

珠江"22.6"特大洪水关键期在 6 月中下旬，强降雨在珠江流域中北部摆动，西江发生第 4 号洪水；接着暴雨中心开始东移至桂江、贺江和北江中上游一带，北江汛情急剧发展，形成特大洪水，即北江第 2 号洪水。

（一）洪水调度安排

6 月 16 日起，西江干支流有一次明显的涨水过程，本场洪水主要由柳江、桂江及中下游地区组成，红水河、郁江洪水不大，属于中下游型洪水。6 月 17 日起，北江干流及武水、连江、滨江、潖江、滃江、绥江等出现明显涨水过程，6 月 22 日英德站出现洪峰水位 35.97m，飞来峡出现入库流量 $19900m^3/s$，石角站出现洪峰流量 $18500m^3/s$，均为历史最大。西江第 4 号洪水、北江特大洪水（北江第 2 号洪水）期间，根据当时洪水预报暴雨主要集中在柳江、桂江、北江，为西江中下游型洪水，气象水文部门预测西江流域可能发生超过 2005 年 6 月典型场次洪水的特大洪水，同时预报西江、北江两江洪水遭遇，从洪水组成来看，属于偏不利洪水组成。

（1）洪水调度难点。本场洪水西江洪水为中下游洪水，主要承担防洪任务的龙滩水库上游来水较小，流域降雨总体稳定，但局部变化较大，造成洪水组成和峰现时间均有较大的不确定性；龙滩、百色水库等距离防洪目标较远的水库只能根据 3～5 天的预测，在峰前去拦，以免错过拦洪时机，岩滩、大化等水库防洪库容较小，需准确判断错峰时机，大藤峡拦洪需要根据洪水变化动态调整调度方式；西江、北江洪水可能遭遇，西江调度需要统筹考虑错北江峰，西江与北江的联合调度难度很大；北江潖江蓄滞洪区仍在建尚未启用过，飞来峡水库因库区英德防护片内有 30 万常住人口，水库高水位调度运用受到制约。北江大堤建成后没有经历 50 年一遇以上洪水的检验，需要优化调度飞来峡等水库，在确保下游防洪安全的前提下，力保库区英德主城区不受淹，统筹考虑流域上下游防洪形势，择机启用潖江滞洪区堤围分洪确保主要保护对象安全。

（2）西江洪水调度安排。为了充分挖掘流域已建骨干水库拦洪、错峰、削峰作用，考虑本场次洪水组成及流域已建骨干水库工程分布情况，结合水情预报，优化调度龙滩、天一、光照、百色等上游水库尽可能拦蓄西江上游洪水，利用岩滩、大化、乐滩等水库提前预泄腾出库容拦蓄红水河洪水错柳江洪峰，调度落久、麻石、拉浪等柳江干支流水库削减柳江洪峰；调度西津等郁江水库群拦蓄郁江来水错黔江洪峰；调度桂江上游四库（青狮潭、斧子口、小溶江、川江水库）拦蓄桂江来水错西江洪峰；为有效利用大藤峡水库削峰效果，提前将大藤峡水库预泄至 44.00m，根据梧州洪水进行补偿调度拦蓄，调度大藤峡及桂江四库拦蓄后推迟腾库，尽可能错开北江洪峰，为北江洪水宣泄提供空间和时间。

（3）北江洪水调度安排。北江视干支流洪水遭遇情况调度乐昌峡、湾头、南水、锦江、锦潭、长湖等水库错峰，减小飞来峡入库洪水；飞来峡水库尽量提前降低水位腾空库容，后续根据北江来水预测适时调度飞来峡水库精准拦蓄洪水，减轻库区防洪压力，同时视情况启用潖江滞洪区滞洪，西南涌、芦苞涌分洪，尽力减小下游北江大堤石角断面洪峰流量，减轻中下游地区防洪压力，保障下游广州市及珠江三角洲防洪安全。

（二）调度决策过程

1. 洪水初期——预测西江来水大

根据 6 月 16—18 日水情预测，本轮洪水西江以中下游型来水为主，且梧州流量超过 50000m³/s；北江石角站将于 19 日 20 时出现洪峰，洪峰流量 13000m³/s。根据预报量级，西江将发生大洪水，北江洪水量级不大。根据本场洪水特点，制定洪水应对方案。

（1）西江中上游水库群。天生桥一级、光照水库汛限水位要维持到 9 月，天生桥一级目前水位 766.70m，距离汛限水位 6.40m，可拦洪库容 9.4 亿 m³；光照水库目前水位 729.60m，距离汛限水位 15.40m，可拦洪库容 7.2 亿 m³。因此天生桥一级、光照水库本次考虑按发电调度控泄（天生桥一级水库 1100m³/s、光照水库 100m³/s）拦蓄南盘江洪水、北盘江洪水。

由于本次洪水组成为中下游型洪水，龙滩水库对下游拦洪削峰作用较小。龙滩水库当时水位 356.60m，低于汛限水位 2.70m，汛限以下库容 7 亿 m³，防洪高水位以下可调用库容 57 亿 m³。为充分发挥龙滩水库的拦洪作用，考虑电网负荷，15 日开始逐步减少发电、减小出库，16 日将出库流量调整为 2700m³/s，17 日 8 时日均出库流量按不超过 1000m³/s 控泄，18 日 8 时进一步将出库流量减小为 600m³/s，后续根据来水调整出库流量。

岩滩水库在 15 日已开始预泄，于 17 日 8 时前预泄至 219.00m，腾出库容 3 亿 m³，为后期拦蓄红水河洪水错柳江洪峰做好了准备。

（2）柳江水库群。调度柳江落久水库拦蓄贝江洪水，及时组织柳江支流龙江洛东、拉浪等水库预泄腾库，视柳江干流融江来水情况拦洪错峰，减少柳州防洪压力。

落久水库当时水位 142.00m，防洪高水位以下可调用库容 2.5 亿 m³，后期根据柳江出峰时间拦蓄贝江洪水错干流融江洪水，从而削减柳州洪峰流量。

柳江上游大浦、洛东水库从 18 日 14 时开始分别按入库流量加大 400m³/s、380m³/s 出库预泄，至水位分别达到 92.00m、112.00m 之后保持出入库平衡，为后期拦蓄柳江上游洪水做好准备。

柳江流域麻石、浮石、古顶、红花、拉浪、叶茂等水库水电站按照来水流量下泄，直至敞泄，尽可能发挥滞洪作用。

（3）大藤峡水利枢纽。前期及时组织大藤峡水库预泄至 44.00m，减轻黔江两岸防洪压力。大藤峡水库当前水位 45.50m，根据预报，18 日大藤峡水库入库流量超 20000m³/s，大藤峡水库 17 日之前预泄至 44.00m，减轻黔江两岸防洪压力，同时腾出 7 亿 m³ 静态库容，为后期适度拦洪错峰做好准备。

（4）郁江水库群。动用郁江百色水库拦蓄郁江中上游地区洪水，及时组织西津、贵港梯级预泄腾库迎洪，视黔江来水情况，拦洪错峰。

百色水库当前水位 213.20m，低于汛限水位 0.80m，防洪高水位以下可动用库容 17.2 亿 m³。为减轻下游防洪压力，百色水库从 16 日 20 时开始按不超过 300m³/s 出库流量进行控泄拦蓄郁江中上游地区洪水。

西津水库当前水位 60.60m，低于汛限水位 0.40m。根据来水预报，西津水库从 6 月 18 日 14 时起，出库流量逐步加大至 4500m³/s，库水位达到 60.00m 后保持出入库平衡，为后面错黔江洪水做好准备。

贵港枢纽当前水位 41.70m，根据来水预报，18 日之前预泄腾空至最低通航水位，可腾出库容 0.18 亿 m³，为迎接洪水做好准备。

（5）桂江水库群。动用桂江中上游青狮潭、川江、小溶江、斧子口水库尽可能拦蓄洪水，及时组织京南等梯级水库预泄腾库，视浔江来水控泄错峰。

青狮潭、斧子口、川江、小溶江水库当前水位分别为 220.50m、251.30m、261.10m、251.90m，低于汛限水位 3.70m、15.70m、1.90m、0.60m，合计可拦洪库容 2.2 亿 m³。根据来水预报，青狮潭、川江、小溶江、斧子口水库于 18 日 8 时开始拦蓄桂江上游洪水错浔江洪峰。

（6）北江水库群。经过北江第 1 号洪水拦蓄之后，截至 6 月 17 日 8 时，北江飞来峡、乐昌峡、南水、锦江水库水位分别为 18.36m、140.42m、212.67m、132.98m，汛限水位以下防洪库容分别为 3 亿 m³、0.23 亿 m³、3.4 亿 m³、0.17 亿 m³。湾头、锦潭水库当时水位分别为 63.67m、227.53m，均低于汛限水位。

当时飞来峡水库入库流量 7000m³/s，飞来峡水库按照设计调度规则闸门全开敞泄，考虑到尽量减少后续拦蓄洪水期间库区临时淹没，可进一步预泄降低飞来峡水库水位至死水位 18.00m。截至 17 日 10 时飞来峡水库水位降至 18.00m，此后水库按照设计调度规则闸门全开，维持出入库平衡。

截至 18 日 8 时，乐昌峡水库入库流量不大（584m³/s），结合预报水情，计划从 12 时开始加大出库，预泄腾空部分库容；锦江水库当时水位涨至 133.03m，当时入库流量已涨至 179m³/s，预计将于 19 日出峰，水库控制出库流量不大于入库拦蓄洪水；南水水库当时水位涨至 213.00m，水库继续按流量不大于 80m³/s 控制出库，拦蓄洪水；连江锦潭水库当时水位涨至 228.30m，当时入库流量 241m³/s，预计将于 19 日出峰，水库继续按流量不大于 11m³/s 控制出库，拦蓄洪水。

2. 洪水中期——西江预测来水减小，北江预测来水增大

6 月 19 日，根据当日水情滚动预报，预测梧州站将于 23 日出现洪峰，洪峰流量 43000m³/s，和前一天预报相比，量级减小，西江流域防洪压力有所缓解；但同时根据预报，北江流域来水不断增大，石角站预测洪峰流量进一步增大至 16600m³/s，峰现时间推迟至 20 日，北江流域防汛形势严峻。根据最新水情预报，对调度方案进行调整优化，在减轻西江中下游防洪压力、统筹流域经济发展用电需求的同时，视北江来水过程拦蓄西江洪水，尽可能错开北江洪峰，为北江洪水宣泄提供空间和时间。

（1）西江中上游水库群。天生桥一级、光照水库维持按发电调度控泄（天生桥一级水库 1100m³/s、光照水库 100m³/s）拦蓄南盘江洪水、北盘江洪水。

虽然西江流域防洪压力有所减小，但北江防洪压力进一步增大，为减轻珠江三角洲防洪压力，继续动用西江水库拦蓄上游来水从而错北江洪峰。考虑电网负荷，龙滩水库 19 日 14 时起按流量 1000m³/s 控泄，21 日 8 时起按出库流量不超 2500m³/s 控泄；同时岩滩水库出库 19 日 20 时起按 1000m³/s 控泄、21 日 8 时起按流量

$2000m^3/s$ 控泄错柳江洪峰，减轻下游河道防洪压力。

考虑到西江流域来水减小，大化、乐滩水库管理单位计划 19 日开始拦蓄。珠江委从流域防洪角度出发，考虑后期来水的不确定性，尽可能减小流域防洪压力，经与广西壮族自治区水利厅联合会商，决定大化、乐滩水库 20 日开始拦洪。大化水库从 6 月 20 日 20 时起，按入库流量减小 $200m^3/s$ 控泄，库水位达到正常高水位 155.00m 之后保持出入库平衡；乐滩水库从 6 月 20 日 20 时起按入库流量减小 $400m^3/s$ 控泄，库水位达到正常高水位 112.00m 之后保持出入库平衡。

（2）柳江水库群。根据预报，柳州水库出峰时间为 21 日 8 时，落久水库 20 日 8 时起按不超过 $500m^3/s$ 拦蓄贝江洪水错干流融江洪水；大浦、洛东水库 20 日 8 时开始拦蓄柳江上游洪水。

6 月 21 日，鉴于柳州已出峰，柳江梯级水库恢复发电调度。

（3）大藤峡水利枢纽。虽然西江流域防洪压力有所缓解，但北江流域面临严峻的防洪压力，考虑未来降雨的不确定性、调控西江来水错北江洪峰等因素，调整优化大藤峡调度方案。

大藤峡水库 20 日 15 时起按照流量 $15000m^3/s$ 控制出库；20 日 19 时 35 分起按照流量 $15800m^3/s$ 控制出库；20 日 23 时起进一步拦蓄洪水，21 日 10 时库水位至 45.10m；21 日 22 时库水位至 46.00m；22 日 8 时库水位至 48.00m 左右；22 日 18 时起，大藤峡水库继续控制出库流量逐步拦蓄洪水，22 日 20 时库水位至 50.00m；此后，大藤峡水库继续控制出库流量拦蓄洪水，水位回蓄至 52.00m 后保持该水位运行。

（4）郁江水库群。鉴于百色水库接近汛限水位，百色水库从 20 日 8 时起恢复发电调度。

根据预报，梧州出峰时间为 22 日 14 时，西津水库 21 日 12 时起按入库流量减小 $1000m^3/s$ 控泄，库水位达到 61.00m 后保持出入库平衡。

（5）北江水工程。截至 20 日 8 时，飞来峡水库入库流量 $14300m^3/s$，水位 22.13m，水库按设计调度方案，维持闸门全开，控制出库流量不大于入库流量。19 日，潖江滞洪区踵头围、独树围开始进水，相应江口圩水位 20.34m；飞来峡库区波罗坑防护片开始进水。

支流武江乐昌峡水库从 19 日 12 时开始减少出库拦蓄洪水，入库洪水于 19 日 15 时达到最大 $1420m^3/s$ 后处于退水段，乐昌峡根据韶关防洪形势及时拦洪错峰，于 20 日 2 时达到最高 148.47m，之后结合水情预报判断，韶关洪峰已经形成，开始加大出库腾空，使水位尽快回落至汛限水位，迎接后续洪水过程；支流锦江水库 20 日 8 时水位涨至 134.90m，当时入库流量已回落处于退水段，水库继续控制出库流量不大于入库流量，拦蓄洪水；支流乳源河南水水库 20 日 8 时水位涨至 215.30m，入库洪水仍处于涨水段，水库继续按不大于 $80m^3/s$ 控制出库，拦蓄洪水；支流连江锦潭水库入库流量已回落，当时处于退水段，为保证工程安全，水库加大出库流量，当时水位回落至 226.07m。

截至 6 月 21 日 8 时，根据最新水情滚动预报，石角站预报洪峰增大至 $18000m^3/s$，峰现时间较前一日预报结果进一步推迟至 22 日 8 时，防洪形势进一步严峻。

飞来峡水库入库流量已于 20 日 22 时达到 $16000m^3/s$，按设计调度方案，水库开始按流量 $15000m^3/s$ 控泄出库。当时（21 日 8 时），飞来峡水库入库流量 $16300m^3/s$，控制出库流量 $15300m^3/s$，水位涨至 22.81m。

21 日 8—17 时，北江流域降雨进一步加大，石角站预报洪峰流量进一步增大至 $20000m^3/s$，将超过石角站安全泄量（$19000m^3/s$），北江洪水量级达到历年实测最大。

飞来峡库区波罗坑防护片于 21 日 13 时再次进水，相应英德站水位 34.74m。当时石角站流量 $16800m^3/s$，相应水位 11.52m，低于北江大堤保证流量和水位。考虑到飞来峡入库及石角站流量、库区英德站及下游潖江滞洪区江口圩站水位仍处于上涨阶段，洪水仍有进一步增大的可能，为保障下游石角站流量不超安全泄量（$19000m^3/s$），结合流域防洪形势，建议采用的防御措施包括：优化飞来峡水库、潖江滞洪区调度方式，共同削减北江石角站洪峰，做好飞来峡库区可能淹没范围群众的转移，强化北江干流及重要支流堤防巡查防守，确保防洪安全。其中，飞来峡水库流量达到 $18000m^3/s$ 时即按 $18000m^3/s$ 控泄，潖江滞洪区启用大厂围分洪，经分析，对石角站削峰效果在 $400\sim600m^3/s$ 之间。

3. 洪水后期——西江、北江退水过程

6 月 22 日，根据水情滚动预报，本轮洪水西江、北江即将进入退水阶段。根据最新水情预报，对调度方案进行调整优化。

（1）西江水库群。考虑发电负荷，龙滩水库 6 月 22—23 日继续按照出库流量不超 $2500m^3/s$ 控制，计划 6 月 24 日 8 时起按日均出库流量不低于 $3000m^3/s$ 控制。岩滩水库从 6 月 23 日 8 时起恢复发电调度。6 月 22 日 17 时起，大化、乐滩、西津水库恢复正常发电调度。随着西江梧州站、北江石角站出峰回落，大藤峡水库圆满完成拦洪削峰任务，接下来逐步将库水位降至汛限水位以下运行，腾出库容迎接下次洪水。西江第 4 号洪水水库调度方案决策过程如图 6-9 所示。

（2）北江水工程群。飞来峡水库入库已于 6 月 22 日 2 时涨至 $18000m^3/s$，根据珠江委调度建议，水库开始按流量 $17000m^3/s$ 控泄出库，8 时入库流量涨至 $19000m^3/s$，水库开始按流量 $18000m^3/s$ 控泄出库，水库坝前水位为 24.47m。

截至 6 月 22 日 12 时，石角站流量达到最大 $18500m^3/s$，未超过北江大堤安全泄量（$19000m^3/s$）；飞来峡水库入库流量在 23 日 0 时涨至 $19900m^3/s$，出库流量在 22 日 13—16 时最大达到 $18800m^3/s$，后根据入库流量及水雨情预报，飞来峡水库按流量 $18300m^3/s$ 控泄，水库水位 23 日 5 时达到最高 26.82m。

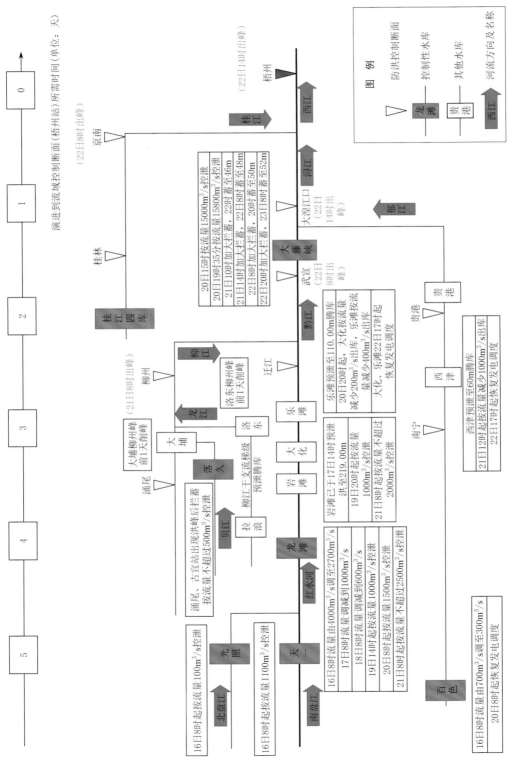

图 6-9 西江第 4 号洪水水库调度方案决策过程

乐昌峡水库入库洪水于 22 日 0 时达到最大流量 2240m³/s 后处于退水段，水库按出库流量不大于入库流量拦蓄洪水，23 日 1 时水位涨至最高 153.25m，之后结合水雨情预报，计划水库加大出库腾库，本场洪水过程乐昌峡水库共计拦蓄洪量 0.94 亿 m³；锦江水库当时水位涨至 135.71m，当时入库流量已回落处于退水段，水库继续控制出库流量不大于入库流量，拦蓄洪水，本场洪水过程锦江水库共计拦蓄洪水 0.29 亿 m³；南水水库 23 日 8 时水位涨至 218.44m，水库继续按流量不大于 80m³/s 控制出库，拦蓄洪水，本场洪水过程南水水库共计拦蓄洪量 1.96 亿 m³；连江锦潭水库当时水位 227.53m，本场洪水过程锦江水库共计拦蓄洪量 0.34 亿 m³。

此后，本轮洪水进入退水期。

（三）调度效果

1. 西江洪水调度效果

经统计，通过西江干支流水库群联合调度共计拦蓄洪量 38.0 亿 m³，见表 6-5；削减梧州站洪峰流量 6000m³/s 以上，降低梧州河段水位 1.80m，如图 6-10 所示，有效减轻了西江中下游沿线防洪压力。调度后，降低珠江三角洲西干流水位 0.40m，在思贤滘增加北江过西江流量 800m³/s，降低珠江三角洲北干流水位 0.33m，将西江干流及珠江三角洲洪水全线削减到堤防防洪标准以内。

表 6-5　　　　　　　　西江第 4 号洪水期间主要水库拦蓄统计

区　域	水库名称	拦蓄洪量/亿 m³	削峰量/(m³/s)	削峰率/%
西江中上游	天生桥一级	1.0	540	34
	光照	0.7	400	67
	龙滩	15.5	4400	90
	岩滩	2.3	2000	65
	大化	0.3	500	19
	乐滩	0.4	800	29
黔江	大藤峡	7.0	3500	14
郁江	百色	0.8	200	22
	西津	1.6	900	45
柳江	红花	2.0	600	4
	麻石	0.18	1800	29
	浮石	0.38	600	6
	大浦	0.23	600	9
	落久	0.35	400	67
	洛东	0.16	200	18

续表

区　域	水库名称	拦蓄洪量/亿 m³	削峰量/(m³/s)	削峰率/%
桂江	青狮潭	1.40	1600	89
	川江	0.40	700	88
	斧子口	0.90	1350	96
	小溶江	0.70	700	78

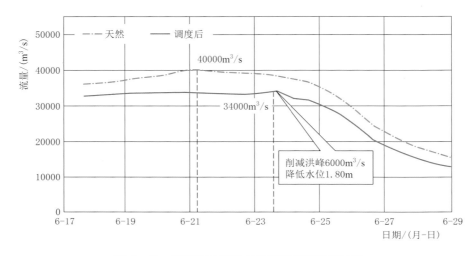

图 6-10　西江第 4 号洪水梧州站调度前后过程

2. 北江水工程调度效果

北江第 2 号洪水期间，飞来峡水库预泄腾空库容 0.14 亿 m³，拦蓄洪量 5.69 亿 m³，干支流其他水库共计拦蓄洪量 3.53 亿 m³，潖江蓄滞洪区滞洪 3.08 亿 m³，见表 6-6。韶关站、石角站调度前后过程如图 6-11、图 6-12 所示。通过北江水工程联合调度，削减韶关站洪峰流量 1020m³/s，降低水位 0.83m，削减石角站洪峰流量 2200m³/s、降低水位 0.84m。

表 6-6　　　　　　　　　北江第 2 号洪水期间主要水工程拦蓄统计

水工程名称	拦蓄洪量/亿 m³	削减流量/(m³/s)	削峰率/%
乐昌峡	0.94	1710	60
南水	1.96	998	93
锦江	0.29	572	49
锦潭	0.34	425	97
飞来峡	5.69	1600	8
潖江	3.08（滞洪量）	700	

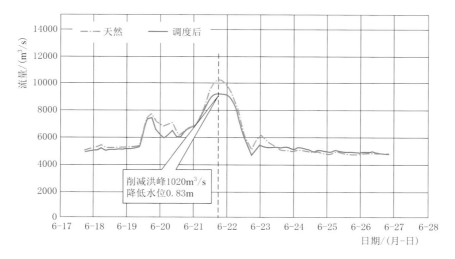

图6-11 北江第2号洪水韶关站调度前后过程

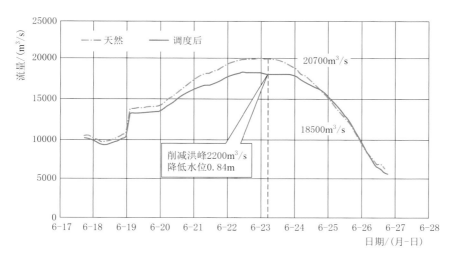

图6-12 北江第2号洪水石角站调度前后过程

3．西北江水工程联合调度效果

西江水库群优化调度后，西江洪水传播至三角洲西滘口的峰现时间比北江洪水传播至北滘口峰现时间晚38小时，避免了西北江洪峰遭遇；西北江水库联合调度后，削减思贤滘洪峰流量6200m³/s，降低珠江三角洲西干流水位0.40m，在思贤滘增加北江过西江流量800m³/s，降低珠江三角洲北干流水位0.33m，思贤滘断面流量北江向西江分流现象明显，为北江洪水宣泄提供了空间和时间，同时将珠江三角洲洪水全线削减到堤防防洪标准以内。

（四）调度小结

本场洪水西江、北江先后发洪，北江出现超100年一遇特大洪水，根据预报西北江洪水将在三角洲遭遇。西江 2022 年第 4 号洪水属于中下游型洪水，由于流域主要拦洪水库龙滩、百色、天生桥一级等水库位于上游按原设计调度规则发挥拦洪作用较小，位于西江中游控制性防洪枢纽大藤峡按照设计在建设期不承担防洪任务，本场洪水属于偏不利洪水组成。从流域骨干水库调洪作用看，上游天生桥一级、光照、龙滩、百色如果按规则调度调洪作用较小，仅能削减梧州站洪峰流量 $500\,\mathrm{m^3/s}$ 左右。

针对来水组成不利、洪水预报存在较大不确定性、流域防洪工程体系尚不完善等难题，为了充分发挥流域骨干水库拦洪、错峰、削峰作用，在洪水过程开始阶段，6 月 16 日，根据未来 5～7 天的降雨、来水预测，预判"可能同时出现西江第 4 号洪水和北江第 2 号洪水，可能形成西江、北江洪峰遭遇的流域性大洪水，且西江洪水主要发生在中下游"的形势，及时调度龙滩、百色等西江上游大型水库群全力拦洪；6 月 17 日，调度红水河、柳江、郁江的梯级水库群预泄腾空，并相机实施红水河岩滩、柳江落久、郁江西津、桂江青狮潭等水库群错峰调度；调度在建大藤峡工程发挥控制性工程的关键作用精准削峰，并要求大藤峡、桂江青狮潭等水库拦蓄洪水后维持半天以上高水位运行，推迟腾空泄洪，尽量拦蓄西江来水错北江洪峰，通过调度达到了削减西江洪峰流量和将西江洪峰到达三角洲时间推后为北江洪水宣泄腾出空间和时间的目的，保障了粤港澳大湾区防洪安全。北江 2022 年汛期面临着潖江蓄滞洪区仍在建尚未启用过、飞来峡库区英德防洪片常住人口 30 万人高水位调度运用受到制约、北江大堤建成后尚未经历 50 年一遇以上洪水的考验等困难，北江第 2 号洪水防御过程中，根据实时防汛形势研判情况，充分调用北江中上游水库群拦洪削减飞来峡入库洪水，上下游水情精细调度飞来峡水库，确保了下游防洪安全，确保了库区英德主城区安全，首次启用潖江滞洪区堤围分洪，有效滞洪 3.08 亿 $\mathrm{m^3}$，成功将北江石角站洪峰控制在北江大堤安全泄量以下，确保了防洪安全。

本场洪水，西江首次实现干支流 5 大库群 24 座水库联合防洪调度，北江首次启用潖江蓄滞洪区与飞来峡等水库、分洪闸联合防洪调度，关键期通过实施西北江防洪工程群联合防洪调度，尽量拦蓄西江来水错北江洪峰，为北江洪水宣泄腾出空间和时间。从整个调度过程来说，各水库调度运用时机和调度方式精准高效，调度过程基本合理，保障了西江、北江流域及珠江三角洲地区的防洪安全。

三、珠江"22.6"特大洪水退水期调度过程

珠江"22.6"特大洪水退水期在 6 月下旬至 7 月上旬，6 月下旬，珠江流域无明显降雨，西江、北江缓慢退水；受台风"暹芭"影响，7 月上旬流域中东部出现强降雨，导致北江复涨，并发生第 3 号洪水。

（一）洪水调度安排

受台风"暹芭"影响，7 月 3 日起珠江流域北江出现持续性较大范围降雨过程，

北江中下游干流、北江中游支流连江、潖江再次出现明显洪水过程，形成北江第3号洪水。

（1）洪水调度难点。在北江第2号洪水发生时，波罗坑防护片水毁堤段，潖江滞洪区独树、踵头、大厂等分洪堤段尚未完成修复，为确保人民群众生命安全，需组织围内人员转移撤离。

（2）洪水调度安排。根据当前洪水和预测后续降雨情况，结合流域防洪工程实际情况，采用的防御措施主要包括：根据北江来水预测适时调度飞来峡水库精准拦蓄洪水，尽量减轻下游潖江滞洪区防洪压力，为滞洪区人员转移争取宝贵时间，同时视干支流洪水遭遇情况调度乐昌峡、南水、锦江、锦潭等水库错峰，减小飞来峡入库洪水。

（二）调度决策过程

1. 7月4日洪水应对方案

7月4日，根据当日最新水情滚动预报结果，石角站出峰时间为5日20时，洪峰流量为 $13600\text{m}^3/\text{s}$，与前一日预报结果相比，峰现时间不变，洪峰流量增大 $4800\text{m}^3/\text{s}$。

4日8时飞来峡水库水位23.91m，由于北江第2号洪水期间，下游潖江蓄滞洪区进行了破堤滞洪，水毁工程目前还未修复完成。因此，为尽量减小对下游潖江蓄滞洪区的影响，飞来峡水库从4日0时起按流量 $5500\text{m}^3/\text{s}$ 控泄拦蓄，当时飞来峡入库流量 $7000\text{m}^3/\text{s}$，出库流量 $5400\text{m}^3/\text{s}$，后续视库区淹没影响及下游防洪压力适时调整出库。

武江乐昌峡水库当时水位141.51m，低于汛限水位144.50m，乐昌峡入库洪水自4日凌晨开始起涨，当时入库流量达到 $560\text{m}^3/\text{s}$，为减轻飞来峡防洪压力，乐昌峡水库从4日8时开始拦蓄武江洪水，出库流量按不超过 $1000\text{m}^3/\text{s}$ 控制；浈江锦江水库当时库水位134.96m，低于汛限水位135.00m，由于锦江水库后期来水较小，后期维持在汛限水位运行；乳源河南水水库当时水位219.06m，入库流量 $499\text{m}^3/\text{s}$，后期水库按流量不大于 $400\text{m}^3/\text{s}$ 控制出库；连江锦潭水库当时水位229.91m，入库流量 $223\text{m}^3/\text{s}$，水库按流量不大于 $12\text{m}^3/\text{s}$ 控制出库，继续拦蓄洪水。

2. 7月5日洪水应对方案

7月5日，根据当日最新水情滚动预报结果，石角站将于6日14时左右出现洪峰，洪峰流量 $14000\text{m}^3/\text{s}$，与前一日预报结果相比，峰现时间推迟18小时，洪峰流量增加 $400\text{m}^3/\text{s}$，此后处于退水阶段。

5日8时飞来峡水库入库流量 $11500\text{m}^3/\text{s}$，出库流量 $11800\text{m}^3/\text{s}$，库水位26.42m，飞来峡水库已基本按出入库平衡运行，鉴于5—6日石角站仍处于涨水阶段，为尽量减小洪水对下游潖江蓄滞洪区的影响，6日2时至14时飞来峡按入库流量减小 1500m³/s 左右进行拦蓄，控制最高水位不超过 27.00m 运行，之后按流量 11800m³/s 出库，尽快降低库水位。

武江乐昌峡水库 5 日 8 时水位 149.41m，后续继续按出库流量不超过 1000m³/s 拦蓄武江洪水，此后退水阶段按流量不超过 1000m³/s 出库，尽快将水位降低至汛限水位；浈江锦江水库当时水位 135.32m，继续按出入库平衡运行；乳源河南水水库当时水位 219.21m，已进入退水阶段，后期水库继续按流量不大于 400m³/s 出库，尽快将水位降低至汛限水位运行；连江锦潭水库当时水位 228.81m，低于汛限水位 219.00m，水库继续按流量不大于 12m³/s 控制出库拦蓄洪水。

3. 7 月 6 日洪水应对方案

7 月 6 日，根据当日最新水情滚动预报结果，石角站将于 6 日 20 时左右出现洪峰，洪峰流量 14000m³/s，与前一日预报结果相比，峰现时间推迟 6 小时，洪峰未增加，此后处于退水阶段。

6 日 8 时飞来峡水库入库流量 13400m³/s，出库流量 11700m³/s，削减出库 1700m³/s，库水位 26.81m。后续飞来峡水库继续按入库流量减小 1500m³/s 左右进行拦蓄，当退水段飞来峡水库入库流量小于 12000m³/s 以后飞来峡水库按 11800m³/s 出库，尽快将库水位降低至汛限水位。

（三）调度效果

北江第 3 号洪水石角站实测洪峰流量 14000m³/s，不足 10 年一遇，低于石角站断面安全泄量 19000m³/s。飞来峡水库根据预报水情，在洪水到来前提前腾库，洪水期间适时精准拦蓄洪水，有效减轻了下游潖江蓄滞洪区的防洪压力，同时也有效避免了水库滞洪过程中库区的临时淹没，未启用飞来峡水库库区防护片。北江第 3 号洪水期间水库拦蓄统计见表 6-7，石角站调度前后过程如图 6-13 所示。

表 6-7　　　　　　　　北江第 3 号洪水期间主要水库拦蓄统计

水库名称	拦蓄洪量/亿 m³	削减流量/(m³/s)	削峰率/%
乐昌峡	0.68	740	43
南水	0.32	320	44
锦潭	0.18	210	95
飞来峡	3.70	1800	13

（四）调度小结

6 月下旬，为防御北江特大洪水，潖江蓄滞洪区启用滞洪，部分堤围尚未修复完成。通过调度飞来峡水库精准拦蓄洪水，尽量减轻下游潖江滞洪区防洪压力，为滞洪区人员转移争取了宝贵时间，同时联合调度乐昌峡、南水、锦江、锦潭等水库拦蓄

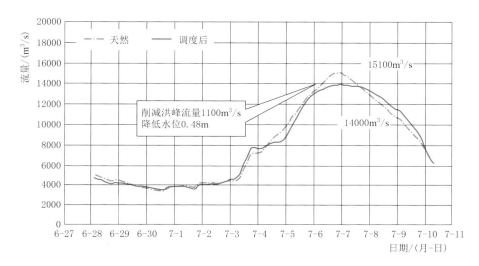

图 6 - 13　北江第 3 号洪水石角站调度前后过程

洪水，减小飞来峡入库洪水。通过联合调度，达到了争取人员转移时间的目的，同时也保障了库区的防洪安全，确保了人民群众的生命安全。

第七章

有效应急处置
确保人民群众生命安全

　　面对珠江复杂严峻的突发汛情，水利部高度重视，及时派出工作组、专家组现场指导洪水防御工作；在防汛抗洪关键时刻，广东省委书记李希、省长王伟中，广西壮族自治区党委书记刘宁、自治区主席蓝天立等领导亲自带队深入防汛一线现场指挥，调动全省（自治区）力量抗洪抢险救灾；珠江防总、珠江委及广东、广西等省（自治区）有关部门和有关市县按照"技术—料物—队伍—组织"的防御链条，有针对性细化落实督促检查、技术指导、巡查防守、应急抢险各项措施，预置抢险力量、料物、设备和专家力度，将人防、物防、技防有效结合，确保险情抢早、抢小、抢住，及时转移危险区人员，做到应撤必撤、应撤尽撤、应撤早撤，保障了人民群众生命安全。

第一节　珠江防总、珠江委洪水防御应急处置工作

一、派出工作组、专家组

　　在珠江"22.6"特大洪水防御期间，珠江防总、珠江委按照洪水发生前提前预置工作组，在防御关键期及时增派工作组，按照"洪水不过、队伍不撤"的要求，先后派出30多个工作组、专家组协助指导有关市县开展洪水防御工作。特别是北江发生特大洪水后，立即增派专家组，分赴韶关、清远、肇庆等地支援工程险情处置和洪水应急监测工作。工作组、专家组对洪水防御控制性工程或关键风险点进行全面的把脉、问诊、对症下药，为水工程充分发挥防洪减灾作用、工程安全度汛等提供了技术支撑。

　　（一）洪水发生前

　　在流域发生洪水前，按照水利部部署要求，珠江防总、珠江委根据预报降雨的落区与降雨强度，立足"最不利情况"，提前预置工作组、专家组。珠江"22.6"特大洪水防御期间，共预置7个工作组，协助地方开展强降雨洪水防御的相关工作。在西江第4号洪水和北江特大洪水来临前，又派出了3个工作组赴流域控制性枢纽大藤峡、飞来峡等重要工程及梧州市、省界重点水库等一线指导工作，指导大藤峡、飞来峡等重点水库精细调度，要求有关地方加强监测预报预警、强化堤防巡查防守、备足物资物料，做好防御大洪水准备（图7-1、图7-2）。

　　（二）洪水防御关键期

　　在洪水防御关键期，珠江防总、珠江委基于对流域防汛形势的研判，找准防洪关键点、风险点，又紧急增派10个工作组、专家组赶赴广东、广西防御一线，全力做好指导地方抗洪抢险、险情处置等工作。

　　6月19日，受强降雨影响，北江发生了2022年第2号洪水。根据气象水文部门

图 7-1　珠江委广西工作组检查　　　　图 7-2　珠江委广东工作组指导飞来峡
梧州市堤防防守　　　　　　　　　水利枢纽船闸防洪调度

预测，预计未来 3 天，流域仍将有较强降雨过程，主要江河水位将继续上涨或维持高水位运行，清远市、韶关市防汛形势十分严峻。珠江委副主任李春贤于 6 月 19—24日带队赴清远市、韶关市指导防汛工作，深入检查指导水库、堤防、在建工程、水文站运行状况。现场指导苍村水库溢洪道险情处置工作，会同相关地方单位负责人和专家深入分析研讨，迅速提出应急抢险措施和人员转移避险方案，并要求专人 24 小时监视溢洪道险情变化，加大抢救队伍和抢险设备物资投入，全力扼制险情扩大（图 7-3）。由于各方组织得力、密切配合，及时采取应急处置措施，苍村水库险情得以有效处置，确保了工程安全。

6 月 20 日，西江发生了 2022 年第 4 号洪水，预计，流域强降雨过程仍将持续，主要江河将维持高水位运行，流域防汛形势十分严峻。珠江委副主任易越涛于 6 月20—22 日带队赴大藤峡水利枢纽指导工程安全度汛和防洪调度工作（图 7-4）。工作组重点检查了右岸施工防汛预案及落实情况、船闸枢纽运行情况及防汛"四预"平台和大坝安全监测系统建设运行情况，现场指导大藤峡水利枢纽按照调度指令，提前将库水位降至防洪运用最低水位 44.00m 运行，预泄腾空 7 亿 m³ 库容做好适时拦洪削峰的准备。在成功防御西江第 4 号洪水中，大藤峡水利枢纽充分发挥了流域骨干枢纽防洪作用。

6 月 22 日，珠江流域中东部地区遭遇持续性、大范围强降雨过程，受其影响，珠江流域北江发生了大洪水，根据当前雨水情及未来预测，北江将发生特大洪水，流域防汛形势极其严峻复杂。6 月 22 日清晨，珠江防总、珠江委紧急增派 8 个工作组和专家组，王宝恩主任要求"洪水不退，队伍不回"，全力迎战北江特大洪水（图 7-5）。

8 个紧急增派的工作组、专家组立即前往分赴连江上游、清远英德市、潖江蓄滞洪区、北江大堤、苍村水库等主要受灾区、洪水影响区域及防御风险隐患点，坚守防汛抗洪抢险一线，指导协助地方制定险情应急处置方案，指导堤防巡查防守、水文应急监测及水库调度运用。其中，珠江委副主任苏训带队第一时间赶赴乐昌峡水利枢纽防汛一线，指导水库洪水调度工作（图7-6）；在工作组的指导下，乐昌峡水利枢纽根据上下游雨水情形势，精细控制出库流量，最大限度减轻韶关的防洪压力，避免了乐昌市受淹。

图7-3　珠江委副主任李春贤带队指导
连江口镇防洪堤洪水防御工作

图7-4　珠江委副主任易越涛带队赴
大藤峡水利枢纽指导防洪调度工作

图7-5　2022年6月22日珠江委紧急
增派工作组、专家组出发动员现场

图7-6　珠江委副主任苏训带队指导
乐昌峡水利枢纽的调度工作

（三）洪水退水期

6月23日，北江主要干支流正值退水阶段，但部分河道仍处于超警戒水位，堤防、水库大坝均已长时间高水位挡水，防汛形势仍然十分严峻。珠江防总常务副总指挥、珠江委主任王宝恩率队赴北江大堤和潖江蓄滞洪区，指导堤防巡查防守和险情抢护工作，王宝恩主任对连续作战的一线巡查防守和应急抢险人员进行了慰问，肯定了各方前期的工作，同时鼓励工作人员咬紧牙关，继续紧绷防汛这根弦，全力做好退水阶段洪水防御工作，坚决打赢特大洪水的收官之战（图7-7）。王宝恩主任现场指导时指出，针对北江大堤历史险工险段、穿堤建筑物等易出险区域，要加强巡查力量、加密巡查频次；要强化水库险情抢护，坚决避免发生垮坝事件；强化潖江蓄滞洪区堤围巡查防守，做好群众转移安置工作；在重点地区、重要工程预置抢险救援装备、巡查人员、技术专家和抢险力量，提前做好抢险准备；抓紧着手谋划水毁工程修复工作，及时恢复防洪保安能力。

图 7-7　珠江防总常务副总指挥、珠江委主任
王宝恩率队赴潖江蓄滞洪区指导

6月24—25日，珠江防总秘书长、珠江委副主任胥加仕带队赴受灾较重的韶关、清远英德等地指导退水期洪水防御和工程险情处置工作，工作组重点查看了潖江蓄滞洪区凤洲围、踵头围、大厂围及苍村水库等工程险情（图7-8）。工作组要求，要加快组织水毁普查及消杀防疫工作，多措并举恢复居民生产生活，要对工程进行全

图 7-8　珠江防总秘书长、珠江委副主任胥加仕
带队指导防汛工作

线巡查，组织加强对已分洪堤围围内的排水工作，有序制定水毁工程修复措施，及时修复防洪能力。

6月23—25日，珠江委副总工、二级巡视员何治波带队分别前往苍村水库、北江大堤，指导苍村水库险情应急处置和北江大堤退水期巡查防守、险情处置工作。根据工程抢险需要，6月23—25日，珠江委再次增派3个专家组赴英德市，协助指导黄草塘、锦潭九级、瑶官塘等小型水库险情处置以及江口镇沿江堤防巡查防守工作。专家组经实地查看、调查问询、现场测量、推演分析、对比论证，从汛情分析、水情预报、水工程调度等方面，对暴雨洪水和险情原因进行分析，向地方提出了险情应急处置、后期工程水毁修复和优化工程调度等建议方案，指导水库及时排除险情、强化安全度汛措施（图7-9、图7-10）。

图7-9　珠江委专家组指导巡堤查险　　　　图7-10　珠江委专家组指导工程险情处置

二、督促指导

在珠江"22.6"特大洪水防御期间，珠江防总、珠江委通过派出暗访组、实时在线监管水库运行水位、现场督查等多种方式全面开展各类监督检查，珠江委纪检组利用"组内地"联合监督检查，进一步压实地方防汛责任。

（一）暗访督查检查

珠江"22.6"特大洪水防御期间，珠江委坚持将度汛安全隐患排查整改贯彻洪水防御全过程，根据降雨预报、降雨强度及防汛形势发展变化，及时向广西、广东暴雨区及重点区域派出暗访督查组，采用"四不两直"的工作方式，检查大中型水库汛期调度、水闸安全运行、小型水库管理、堤防险工险段、山洪灾害防御等环节，督促有关各地落实落细防汛措施。

6月14—25日，广东督查组前往清远、韶关、河源三市，对山洪灾害、防洪调度、小型水库、水闸及堤防安全5大类水利工程开展监督检查工作（图7-11、图7-

12）。针对督查时发现的安全隐患问题，立即下达整改通知，督促有关地方和单位对发现的问题进行整改，并举一反三，及时消除安全隐患。

图 7 - 11　督查组成员现场检查　　　　图 7 - 12　督查组检查堤防险工险段

6月16—22日，广西暗访组前往广西来宾、柳州、桂林、贺州、梧州5个市，实地察看堤防险工险段2处、中型水库2座、小型水库4座、山洪灾害监测预警平台1个、监测站点5个、水闸4座，深入检查相关水库、水闸、堤防险工险段运行管理及安全度汛责任落实，水库防洪调度和汛限水位执行，山洪灾害监测预警、群测群防体系运转、人员转移避险、应急物资准备、值班值守、响应处置等防汛措施落实情况。

（二）水库安全度汛监管

在洪水防御期间，珠江防总、珠江委对流域807座大中型水库的调度运行进行实时在线监管。对于异常超汛限水位运行和存在风险的水库，每日"一省一单"，先后120余次发送通知，督促地方核实水库超汛限水位运行等异常原因，并进一步明确处置措施，确保水库度汛安全。

现场督查水库安全运行。珠江委同步持续开展水库汛限水位执行和病险水库、小型水库安全度汛监督检查。工作组先后赴广西百色市、贵港市，广东惠州市、河源市，针对近40座水库开展现场检查，督促各地规范水库防洪调度运用，严格落实水库防汛"三个责任人"和"三个重点环节"。

（三）防汛政治监督

面对严峻防汛形势，中央纪委国家监委驻水利部纪检监察组组长王新哲第一时间指示珠江委纪检组要牢固树立"人民至上、生命至上"理念，紧紧围绕"防大汛、抢大险、救大灾"工作强化政治监督。珠江委纪检组深入贯彻水利部党组防汛工作部署和驻部纪检监察组关于立足监督首责有效发挥作用的要求，把对防汛工作的监督作为政治监督的重中之重，综合运用靠前监督、跟进监督等多种方式，紧盯关键环节，压紧压实工作纪律，全面筑牢防汛责任"堤坝"。

5月初，纪检组向全委各级纪检机构发出严明防汛纪律强化政治监督的工作提醒，要求把贯彻落实习近平总书记关于防汛救灾工作的重要指示精神和水利部水旱灾害防御工作部署情况作为政治监督重点，督促各级党组织把防汛责任和纪律要求落实到水旱灾害防御全过程、各层级，以实际行动践行"两个维护"。督促不断强化"四预"措施，坚决守住水旱灾害防御底线。指导全委各级纪检机构先后开展各类监督检查19次，发现问题近40个，切实推动问题立行立改，有力保障各项防汛措施不打折扣、不做表面文章，以过硬作风打赢水旱灾害防御硬仗。充分运用"组内地"联动监督机制，会同广西壮族自治区纪委监委驻水利厅纪检监察组共同推动病险水库除险加固项目建设进度，确保度汛安全；向广东省纪委监委驻水利厅纪检监察组专题通报妨碍河道行洪突出问题重点核查工作有关情况，切实推动解决妨碍河道行洪的突出问题。

6月17日，纪检组再次向全委发出关于严明防汛工作政治纪律的紧急通知，要求各级党组织坚决贯彻习近平总书记关于防汛救灾工作的重要指示精神，坚决服从水利部党组和珠江委党组的统一调度指挥，坚持"防住为王"，锚定"四不"目标，以对党和人民极端负责的精神全力做好洪水防御工作。珠江委纪检组组长杨丽萍持续跟进防汛重要节点会商，及时掌握流域汛情，并对防汛工作提出针对性监督意见。6月23日，王宝恩主任、杨丽萍组长共同赴北江大堤和潖江蓄滞洪区等防汛一线，检查指导北江洪水防御工作，要求地方防汛部门牢固树立底线思维，持续加强隐患排查，始终做到思想认识到位、防汛措施到位、应急保障到位。6月24日，杨丽萍组长带队赴佛山市樵桑联围，深入检查了解西江、北江汇流点思贤滘水道防洪调度、防汛物资储备、堤坝管涌处置等情况，进一步提醒地方防汛责任部门严格落实防汛责任和措施，密切关注堤防、水闸等重要设施安全，认真做好退水阶段洪水防御工作。洪水防御期间，纪检组还分别派检查组到百色水利枢纽、贵州响水电站等地开展防汛备汛监督检查，及时传达水利部、珠江委防汛会商会精神，对防汛备汛提出纪律要求，全面压实防汛责任（图7-13）。

三、支援地方抗洪抢险

珠江委委属单位水文局、珠科院、西江局、珠江设计公司等共计派出精干

图7-13　珠江委纪检组组长杨丽萍监督检查堤防巡查防守责任落实情况

技术骨干力量 148 人次，赶赴广东省广州市、英德市、韶关市和广西壮族自治区柳州市、梧州市等地，为急需专业技术力量支持的广东、广西两省（自治区）受灾县区及水利工程管理单位提供技术支撑，全力协助开展抗洪抢险工作。

西江第 4 号洪水和北江特大洪水防御期间，珠科院及时为黄埔区水务局进一步完善了黄埔区实时洪涝预报预警系统，提供分洪方案、芦苞水闸与西南水闸分洪增水模拟、派潭河流域洪涝灾害风险区划分，韶关市、英德市等提供了洪涝风险评估服务，为韶关、英德以及清远等地的洪涝风险和灾害评估等服务。

此外，珠江委委属单位还通过现场踏勘，对仁化县城口镇上寨村内洞山洪灾害、柳州市区防洪堤缺口等进行成因分析，讨论并确定有关近期应急处置建议与今后防御对策，研究部署有关工作。通过参与各地防汛指挥的会商，从专业技术角度建言献策，为洪涝灾害防御和应急处置工作提供技术支撑。其中，珠科院安排专家组参加了广东省应急厅防汛专家值班值守，全程参与会商研判和指挥调度；西江局专家与柳州市水利局、柳州市防洪排涝工程管理处进行会商，分析目前防汛工作的薄弱环节，建议主管部门根据水情预报成果做好重点保护和局部人员撤离方案。此外，西江局外派防汛工作小组多次参加梧州市区防汛抗洪动员、部署会商会议，并与其他技术专家一起研究讨论分析各堤段的薄弱点和关键点，发生超标准洪水时的应对处置方案以及洪水退去后如何迅速恢复排涝功能等技术问题（图 7-14）。

图 7-14　珠江委委属单位专业技术人员现场支援地方防汛抗洪

第二节　地方洪水防御应急处置工作

在珠江"22.6"特大洪水防御期间，广东、广西等省（自治区）防指、水利等部门及有关地市按照"技术—料物—队伍—组织"的防御链条，及时派出工作组、专家组，投入大批防汛抗洪抢险队伍、物资，及时有效开展巡查防守、险情抢护、人员转移避险等洪水防御应急处置工作，确保防洪工程安全，确保人民群众生命安全。

一、巡查防守

广东、广西省（自治区）水利厅与有关地市强化堤防巡查防守，累计上堤巡查近24万人次，水库巡查超50万人次，在西江、北江等河段与部分水库持续高水位运行的不利情况下，确保险情早发现、早处置，确保了工程安全。

（一）广东、广西水利系统

珠江"22.6"特大洪水防御期间，广东各地水利部门累计派出11459个工作组共计约5.8万人次，出动约11.1万人次巡查水库近3万库次、11.9万人次巡查堤防堤段6.4万次，其中在北江特大洪水和西江第4号洪水防御期间，各地水利部门累计派出7649个工作组共约4.1万人次，出动约5.9万人次巡查水库1.5万库次、7.1万人次巡查堤防堤段5.7万次。此外，共组织41.1万名党员干部和1.1万名志愿者投入防汛救灾工作，落实人员转移、加强巡查管控、动员群众自救互救。提前预置764支2.3万人应急抢险专业队伍，紧急调运排水抢险车等17批次3012万元水利抢险物资，有效处置城乡内涝591处，安全转移安置人员10.3万人，应急排涝累计800余万 m^3。

广西壮族自治区水利厅开展了4次防汛安全隐患大排查工作，重点对水库、堤防、涵闸等水工程关键部位进行全面检查。排查出涉及水库泄洪安全隐患195处，截至6月13日完成整改165处，整改率85%，未整改完成的均已落实安全度汛措施。在强降雨洪水来临前，广西督促相关防汛行政责任人和技术责任人到一线履职，巡查责任人24小时值班值守。在防御西江第4号洪水的关键时刻，全区水库巡查责任人开展巡坝超过23万人次。同时，持续开展隐患排查，严格落实"雨前隐患排查，雨中加密巡查，雨后安全检查"制度，持续开展隐患排查，累计上堤巡查超过12万人次，巡坝40万人次，在西江中下游等河段持续高水位运行超过200小时的不利情况下，确保了各主要堤段正常运行（图7-15）。

图7-15 北江大堤开展拉网式巡查

（二）有关地市

1. 广州市

派出59人次查勘现场25次，召开技术讨论会12次，对9处险情第一时间给出技术处置建议。组织花都区、白云区、市流溪河流域管理办公室开展"两涌一河"巡查工作。累计派出1734人次巡查人员对堤防、水闸、排水设施实施24小时不间断巡查，预置抢险人员305人，抢险设备与物资保障到位。市防汛机动抢险队出动50名队员携带各类防汛抢险物资于 22 日早晨抵达北江大堤备勤，并每 3 小时开展一次巡堤查险工作。

2. 清远市

派出 5480 名巡堤人员对 63 条堤围 24 小时开展巡堤，巡堤长度 570km；全市 850 名水库、山塘巡查人员共巡查水库 3608 宗次、山塘 910 宗次，重点对涵闸、穿堤建筑物、险工险段和水库关键设施开展拉网式排查。

3. 韶关市

派出 422 个工作组 2582 人次驻扎乡镇（街道）及各水利工程督导防御工作，落实 5696 人巡查山塘水库 3312 座次、1869 人巡查堤防 612 宗次，及时处置曲江区苍村水库、仁化县老虎山塘、暖坑水库等多处水利工程险情。

4. 桂林市

派出 256 个工作组共计约 780 人次，出动约 2.4 万人次巡查水库 3.6 万库次、1.4 万人次巡查堤防堤段，排查出涉及泄洪安全隐患 123 处，未发生险情（图 7 - 16）。

图 7 - 16　广西壮族自治区水利厅与桂林市工作组检查桂林市平乐虎豹电站

5. 梧州市

派出 19 个工作组，对沿江堤防、水库、水闸、泵站进行巡查，重点对在建堤防工程、沿江堤防险工险段、梯级水库关键设施开展针对性巡查（图 7 - 17）。按照巡查方案，派出骨干技术巡查工作人员约 752 人，对全市 229 座重点水库、153km 堤防、50 座运行水闸进行技术巡查，巡堤人员达 2325 人次，水库巡查人员达 1914 人次。

图 7-17　6 月 18 日广西梧州岑溪市糯垌镇塘坪灌区南干渠渠道抢修现场

二、工程出险及抢护

珠江"22.6"特大洪水期间，广东、广西多个市县出现水库漫（淹）坝险情、堤防管涌险情、围区可能漫顶、闸门出险等各类险情。地方的有关部门及时有效开展应急处置，有效控制了工程险情发展，确保了水库不垮坝、重要堤防不决口。

（一）水库工程出险及抢护案例——苍村水库

广东省韶关市苍村水库位于曲江区城区以东约 10km，2007 年建成运行，水库总集水面积 93.8km²，水库总库容 7036 万 m³，正常高水位 141.00m，水库汛限水位 139.00m，是以供水为主兼有防洪功能的中型水库，大坝为均质土坝，水库溢洪道为开敞式有闸门控制溢洪道。

2022 年 6 月 21 日 8 时，水库水位达到 140.54m，超汛限水位 1.54m。6 月 21 日 8 时 30 分，苍村水库在正常泄洪时溢洪道下游底板发生垮塌，垮塌处为溢洪道下游左侧第 5、第 6 块（共 8 块）底板及左侧墙，长度约 30m；至 22 时许，右侧第 5 块底板及右侧墙也垮塌，长度约 10m，并在溢洪道末端形成一个约 8000m³ 的冲坑。

接到险情报告后，韶关市委市政府果断决策、沉着应对，立即实施高效联动、协调统一的指挥调度，省委常委、市委书记王瑞军第一时间作出批示，市委副书记、市长陈少荣立即协调安排省市水利专家组赶赴苍村水库研究抢险方案。具体措施如下：

（1）组织专业抢险队伍对溢洪道冲毁段抛填块石、格宾石笼进行加固，防止险情进一步扩大。

（2）在确保泄洪安全及不影响溢洪道抢险加固的前提下，调节泄洪流量，控制水库水位上升。

（3）组织专业队伍对坝后坡"牛皮涨"部位开挖导渗沟、回填反滤料，防止产生渗透破坏，确保大坝安全。

（4）组织专业人员对险情及水库运行工况进行24小时巡查观测并记录。

（5）浇筑水毁段溢洪道底板和侧墙。

（6）待溢洪道水毁段应急加固措施完成后，进一步加大泄洪流量，将库水位降到汛限水位以下。

6月21日，经韶关市领导与省市水利专家组现场勘察、会商研判，确定了水库应急抢险工作方案。21日15时左右，顺利打开第一个作业面，迅速抢运石料至作业面，利用大型挖掘机进行抛投填充石块和格宾笼，同时利用土工布防护方式，以最快速度减轻对底板以下基础的冲刷。21日23时，左侧垮塌处开展首批次石料抛投，经专家评估，取得初步成效。22日上午，成功打开第二个作业面，有效加快了抛投速度。22日15时，打开了右侧第三个作业面。与此同时，密切监测水库水位变化情况，每隔10分钟由专家评估一次水位变化走势，在确保水位不过快上升的前提下，适当控制溢洪道泄洪流量，尽可能减轻洪水对塌方点的冲刷。

在韶关市委市政府的决策部署和统一指挥下，在珠江委、广东省水利厅、应急管理厅、水科院和韶关市水务局等专家团队帮助指导下，在驻韶部队400名官兵、韶关军分区240名民兵，以及粤水电公司、韶关一建、韶关龙源建设等公司300多名施工人员和200多台铲车、自卸车、长臂挖机、拖拉机等机械设备的大力支援下，市、县水务部门密切协同，军地抢险施工人员分三班倒，连续50个小时全力抢险，至6月25日3时，抛填块石超万方，第一阶段溢洪道冲坑块石回填工程完成，大坝右后脚坡"牛皮涨"得到有效处理，险情得到初步控制，苍村水库应急抢险取得了阶段性的胜利。

6月25日开始，继续按抢险方案进行水库降水和溢洪道陡坡段破损修复工作，同时为下阶段溢洪道底板钢筋混凝土浇筑工作做准备，至6月28日上午水库水位降至140.63m，水库出险风险进一步降低，并为下阶段混凝土施工创造了有利条件。6月28日—7月4日，完成溢洪道伸缩缝修复、底板与侧墙混凝浇筑等全部施工任务，抢险工作基本完成。7月5日14时开始，溢洪道开始试泄洪。7月7日12时，苍村水库水位成功降至汛限水位139.00m以下，水库险情得到有效控制。苍村水库险情如图7-18所示。现场抢护苍村水库险情如图7-19所示。

（二）堤防工程出险及抢护案例——北江大堤石角段

北江大堤是珠江三角洲和粤港澳大湾区最重要的防洪屏障，防洪标准是100年一遇，堤防级别为1级，其中，北江大堤石角段位于北江左岸，堤防级别为1级，起点位于清远市清城区石角镇骑背岭，终点位于清远市与三水区大塘镇交界处，堤防长度19.176km。

6月23日21时30分，巡堤人员在清远市清城区石角镇北江大堤石角堤段（桩

图 7 - 18　苍村水库险情　　　　图 7 - 19　现场抢护苍村水库险情

号 10＋660.00）堤后离堤脚 170m 农田处发现有一处管涌，喷水高度 40～50cm，略带细粉砂、粗砂砾石。

清远市清城区石角镇政府立即组织抢险人员和设备，包括应急分队，派出所公安交警，村委会干部和群众 150 余人前往抢险。设备包括工具车 5 台，钩机 2 台，龙马车 2 台；石角供电所派出抢险队伍 16 人，设备包括 4 台工程车，车辆 4 台，5 台发电机，应急照明 10 套等。北江流域管理局组织北江大堤维护单位派出抢险队伍 10 人、车辆 2 台；广西建工集团海河水利建设有限责任公司派出抢险队伍 6 人、车辆 2 台。调动省防汛机动抢险二队派出抢险队伍 75 人，设备包括钩机 3 台，装载车 2 台，汽车 12 吨 3 台等。此外，联系广州市水利机动抢险队在北江大堤黄塘堤段待命机动。接到通知后，上述单位迅速响应，均在一个小时内组织队伍和装备先后抵达现场，马上投入抢险中。

发现管涌险情后，广东省北江流域管理局立即组织防洪现场组、技术组人员第一时间赶赴现场，根据既定的技术方案结合现场情况，提出采用反滤围井的处置方案，堆筑直径 6m、高 1m，宽 1m，约 25m³ 的沙包围井。共调用纤维包 12000 个，回填反滤料约 30m³。经过两个多小时的抢险，于 23 时 50 分，基本完成抢险处置，险情得到有效控制。此后，安排技术人员在现场 24 小时值守观察，并进一步加强退水阶段的巡查，以确保北江大堤安全。

（三）围区出险及抢护案例——清东围

清东围支堤工程位于飞来峡下游北江支流大燕河右岸，自洲心三棵竹起至大燕口，全长 16.25km，围内集雨面积 117km²，堤围内人口约 13.5 万人，是清远市政治、经济、文化中心的重要屏障。清东围支堤工程分两段，其中：洲心段全长 6.175km，横荷段堤长 10.075km。清东围支堤工程级别为 4 级，主要建筑物为 4 级，次要建筑物为 5 级，设计洪水标准为 50 年一遇。

6 月 21 日 18 时，清城区洲心街道大燕河清东围支堤巡查人员在巡查时发现堤防背水坡大燕河桥梁施工开挖堤防未及时回填处出现局部塌方险情；6 月 22 日，大燕河水面至大燕河清东围支堤洲心段堤顶最低处仅有 1.2m，大燕河水持续上涨。根据水文分析和会商研判，若大燕河出现 100 年一遇洪水，大燕河清东围支堤洲心段将会出现漫顶。

针对清东围堤防背水坡的局部塌方险情，清城区委区政府领导和洲心街道领导第一时间赶赴现场指挥抢险工作，清远市水利局、清城区水利局第一时间派出工作组赶赴现场研判险情，会同洲心街道办和桥梁施工单位中交第三工程局有限公司制订抢险方案，决定采用设置反滤垫层的块石堆填戗台方式控制险情。工作组驻守现场指导相关单位经过 8 小时连续奋战后，成功控制住险情发展，确保堤围防洪安全。针对清东围支堤洲心段可能出现的漫顶险情，清城区委区政府高度重视，立即成立临时指挥部，由区委常委常务副区长任总指挥、洲心街道书记任副总指挥，组织各街镇、各相关部门 1100 多人在堤顶迎水坡填筑子堤防御洪水，并成功化解了险情。

（四）水闸工程出险及抢护案例——永江防洪闸

永江防洪闸是广西桂平市六座中型防洪闸之一，距离桂平城区约 15km，闸址上游集雨面积 610km²，主要保护乡镇有蒙圩、白沙、厚禄、石龙等乡镇和蒙圩龙门工业区，主要保护村屯有永培村、曹良村、罗容村、蒙圩村、流澜村等。

6 月 17 日 16 时，受洪水影响，永江防洪闸下层第四层闸门被水冲走，对蒙圩、石龙、白沙镇和厚禄乡人民群众生命财产安全产生威胁。

永江闸分两层共 36 扇闸门，被冲走闸门尺寸 1.33m×3.65m，在短时间内无法制作新闸门，决定拆除上层闸门装在下层第四闸孔上，上层闸孔没有水流，用制作简易闸板应急封堵，等洪水过后再制作新闸门装上。6 月 22 日完成下层第一孔闸门制作并安装好，同时为了防止其他闸门再次被冲走的情况出现，用钢丝绳把另外的 16 扇闸门固定好，再进一步维修加固。

三、人员紧急转移避险

珠江"22.6"特大洪水期间，广东、广西省（自治区）在风险研判的基础上，紧紧把握住人员转移这一最有效措施，做到应撤尽撤、应撤必撤、应撤早撤，共转移近 37 万人，有效避免了洪水淹没、山洪灾害带来的群死群伤，保障了人民群众的生命安全。

（一）广东省

广东省坚持人民至上、生命至上，充分利用水旱灾害风险普查成果，开展风险分析研判。以划定的北江流域主要河流洪水淹没风险区、易受洪水淹没影响村庄等作为重点防御对象，及时转移危险区域群众 27.56 万人，其中，因洪水淹没转移

13.85 万人，山洪灾害转移 9.71 万人，滞江蓄滞洪区启用转移 4 万人，尤其是北江特大洪水和西江第 4 号洪水防御期间，因洪水淹没转移约 10 万人，因山洪灾害转移 5.9 万人，启用滞江蓄滞洪区转移 4 万多人。得益于人员转移及时有序，全省没有出现群死群伤，没有出现群体性社会事件。

其中，韶关市坚持把人民群众生命财产安全放在第一位，及时发出"停工公告""全民预警"，第一时间向市民开放 135 个应急避难场所，派出救援队伍 10233 人次、冲锋舟 1682 艘次及有关车辆，安全转移群众 122525 人。河源市龙川县 6 月 16 日同全县人民发出"紧急转移动员令"，全力以赴转移群众避险避灾，派出 131 辆大巴车，对龙川县细坳镇 6105 名常住人员进行全员撤离转移，龙川北部四镇共转移 19337 人，沿江五镇共转移 27489 人（图 7-20）。

图 7-20　广东河源市龙川县细坳镇转移受灾群众

（二）广西壮族自治区

此次强降雨过程，暴雨覆盖范围有 16867 个山洪危险区（占全区所有危险区 84%），雨量超山洪灾害危险区预警指标的危险区达 3402 个，涉及 14 个市、88 个县区、469 个乡（镇、街道）、1295 个行政村。面对严峻的山洪灾害防御形势，广西壮族自治区水利厅将县、乡、村、屯、户五级山洪灾害防御责任体系牢牢压实，全区因洪水淹没、山洪灾害等紧急转移 9.26 万人。西江第 4 号洪水期间，仅柳州市就有 6 个县区的 43 个乡（镇、街道）不同程度受灾，受灾人口 60156 人，转移安置 3558 人，紧急避险 4656 人；桂林市因为洪水淹没，紧急转移 70534 人；梧州市受洪水影响累计转移人员 745 人。

其中，6 月 21 日河池市宜州区安马乡良桥屯在洪水上涨进村道路受淹交通中断之前，有序安全转移低洼处 11 人，避免了人员伤亡。桂林市资源县河口瑶族乡、柳州市融安县雅瑶乡等多地同样因为预警及时，在山洪灾害暴发前及时组织人员转移近 100 人，有效避免了人员伤亡，也实现了流域性较大洪水防御全区山洪灾害人员零死亡（图 7-21）。6 月 20 日凌晨，资源县河口瑶族乡葱坪村下陡水站出现 22 小时累积降雨量达 250mm 的特大暴雨，河口瑶族乡乡长和派出所干警、消防救援队和蓝天救援队共 18 人迅速赶赴葱坪村委，通过鸣警笛、敲锣、喇叭呼叫等方式挨家挨户叫醒低洼地区群众，并安排群众转移至安全地点（图 7-22）。不久，山洪暴发导致 3 户 3 间房屋被损坏，多处路桥塌方。洪福岭、竹湾等 2 个村民小组安全转移群众 49 人，未出现人员伤亡。

图 7-21　广西柳州市融安县雅瑶乡大琴村村委协助桐木屯
山洪危险区人员撤离

图 7-22　广西河池市凤山县乔音水库二级发电站引水渠
垮塌灾情处置现场

第八章

发挥科技优势
支撑洪水防御高效决策

习近平总书记指出，科技是国之利器，国家赖之以强，企业赖之以赢，人民生活赖之以好。中国要强，中国人民生活要好，必须有强大科技。珠江"22.6"特大洪水期间，珠江委及流域有关省（自治区）科研人员心怀"国之大者"，秉承科学家精神，充分发挥科技优势，加班加点抢建珠江水旱灾害防御"四预"平台支撑流域防洪调度，在水文测报、洪水预报、洪水风险分析、预案方案、空天地一体化监测、通信网络及视频会议保障等环节整合运用一批新方法、新技术、新设备，为洪水全过程防御提供了科技力量，为保障流域高质量发展提供了水利支撑。

第一节　水文测报

水文测报是防汛工作最基础的支撑，是洪水防御调度指挥的决策依据，水文监测和水情报汛共同组成了水文测报两块主要内容，既要"测得到、测得准"，又要"报得出、报得及时"，才能为各级防汛指挥部门提供第一手"情报"，把牢防汛主动权。近年来各水文测站自动化水平均有所提升，但应对大洪水的新技术新设备还未经历实际"大考"，其应用与适宜性还需验证，恶劣环境下信息报送的可靠性也有待考验。在珠江"22.6"特大洪水期间，水文部门充分运用多种技术手段，在洪水测报和应急监测中严格把控测验质量，取得并报出准确可靠的水文监测数据，实现了"降雨—产流—汇流—演进"全过程、全链条的实时跟踪。

一、水文监测顺利完成测洪"大考"

高洪期流量测验容易失准，同时面临现场测验风险高、下水困难、测验环境复杂、恶劣环境信息易丢失等问题。2022年面对珠江流域可能发生大洪水的防汛形势，各级水文部门汛前积极备战，提前演练，认真落实高洪测验方案及超标洪水监测预案，提前开展各类无人机、无人船、走航式ADCP、雷达在线测流、电子浮标等设备演练应用，并在本次珠江"22.6"特大洪水监测中得到充分应用验证，顺利通过高洪监测"大考"。

（一）雷达在线测流系统

雷达在线测流系统是指采用雷达波测流的非接触测流系统，系统有效避免了传统缆道流速仪或ADCP（声学多普勒流速剖面仪）测流方式中水中漂浮物、杂草缠绕、施测时间过长等因素的影响，较适用于山溪性河流、高水位断面的流量测验与应急监测，可用于高洪期漂浮物较多、常规测流测量困难及有较大安全隐患的情况。本次应急监测期间，因大藤峡坝下桂平站所在断面无人工测验渡河设施，在站点附近交通桥上安装5个探头雷达测流系统，监测桂平站河段表面流速在2.5～4.5m/s

之间，经率定表面流速系数后，监测流量和实测流量对比均在误差范围内，具有较高的测验精度，保障了大洪水时期流量数据的连续性。

（二）低频走航式 ADCP

走航式 ADCP 是安装在水文测船或小型浮体上横渡水面测量断面及流速分布的 ADCP，是水文测验的主要测流设备。常规的 ADCP 以 600kHz 的超声波频率为主，可适应大多数测验场景，针对洪水期含沙量增大的情况，本次监测特意配备 300kHz 的低频 ADCP 及自容式 ADCP，300kHz 低频 ADCP 声波绕射能力强，在高洪带来的高沙情况下也具备较好的测验精度；自容式 ADCP 可投放至河底仰视测量，内置电池供电及存储数据，可连续观测 50 余天，在应急监测期间节省测验人力物力，发挥着较大作用。

（三）无人船测流系统

无人船搭载 ADCP 测流系统，集北斗定位、自适应水流、定点悬停等先进技术于一身，可解决部分断面渡河测验、定点流速测验的问题，特别是还具有自动避障、自动悬停、自动驾驶等功能，可克服浅险地势环境和恶劣气候等困难，在珠三角经多次实践应用，可在 2.5m/s 流速条件下正常运行。本次应急监测期间，在沙洛围（二）、南沙等水文站运用无人船测流系统，即使在高洪状况下仍可满足 ADCP 定位、定向数据的需求，大大提高了无人船的应用场合及应急监测队伍的机动性。

（四）电子浮标测流系统

电子浮标测流系统即浮标式无人值守 ADCP 测流系统，是高洪期间的常用测验手段，它脱胎于传统的浮标法，在浮标中加入差分 GNSS 定位芯片，提供亚米级定位精度，在浮标漂流期间，实时将坐标发送至服务器，服务器通过计算位移距离，计算自身运动速度，再结合水位、大断面即可计算流量。本次在南华断面开展试验应用效果较好，在传统浮标法基础上大大提高了测量效率，只需一人一手机即可实现测流，极大节省了测验人力物力。

（五）无人机雷达测流系统

无人机载单波束雷达流速仪，可为恶劣环境下的水文监测提供备用手段。无人机按规划线路自主飞行，在预置的断面起点距位置河面上空，以预定测速历时逐点测量水面流速，计算机测流系统软件采用已知水位和断面数据，推算水深、断面面积，以水面流速及表面流速系数计算断面流量。无人机雷达测流系统主要是在常规测流设备无法使用的场景下运用，作为应急情况下的补充测流手段，如溃口、决堤等情况下，测量溃口水位、流速、流量。本次应急监测期间，配备的四旋翼 D100 无人机雷达测流系统在南沙基地待命。

（六）HydroPro 远程智控系统

近年来珠江委水文局在现场水文测验工作中均采用了自主研发经多次验证应用

效果良好的 HydroPro 远程智控系统，该系统连接仪器硬件采集数据，可将现场监测数据上传至云端供后台分析，并辅助开展泥沙化验、数据分析、水文资料整编、资料成果质量控制，同时可利用云端平台报送群发水文数据短信。水文测验期间可在后台直接远程控制现场的仪器设备，将传统的"多人现场负责一条船"优化成"一人远程负责多条船"的测验工作，本次珠江"22.6"特大洪水期间，该系统实现了水文内业、外业的实时联动，后方工作人员、水文专家可直接指导前方现场作业，提高测验效率，降低测验成本和现场安全风险，保障了数据报送质量，同时节约大量人力物力。

二、双通道信息报送安全可靠

水文信息报送主要分为站点在线监测信息报送及应急监测信息报送两部分，目前大部分水文站在线监测信息报送基本上采用 4G 通信＋北斗短报文两种通道报送数据，平常以 4G 通信为主，采用北斗短报文备份；应急监测条件下多数是由人工开展水文测验，测验地点不固定，过去大多采用人工电话报汛或数据带回方式，目前可实现实时报汛。

本次珠江"22.6"特大洪水应急监测采用 4G 蜂窝网络的报汛方式，利用自主开发的 HydroPro 远程智控系统发送数据至云端服务器，现场人员可采用任意手段，如手机发射热点、笔记本电脑外接 4G 无线网卡等方式接网报送数据，数据经分析后可通过 HydroPro 系统调用百度云 SMS 简单消息服务，将监测数据群发，报送至各相关部门。同时，还配备了信息报送卫星电话、单兵无线电台两种备用技术手段，确保在现场无手机信号、无蜂窝网络信号的情况下，信息报送畅通无阻。

第二节　洪水预报手段及气象预报应用

洪水预报是防洪减灾决策的重要技术支撑，是一项重要的防洪非工程措施。经过多年的实践和探索，珠江委水文局针对珠江河流水系特点，初步建立了覆盖流域主要干支流的洪水预报方案体系和珠江洪水预报调度系统。气象预报是延长洪水预报预见期的基础，是研判洪水发展趋势的重要参考。近年来，珠江委水文局积极引进国内外主要气象机构数值降雨预报产品，应用于支撑流域水工程联合调度的洪水趋势预测。在珠江"22.6"特大洪水防御过程中，重要控制断面的洪水预报准确率均高于 90％，数值预报降雨的耦合应用进一步提高了洪水趋势研判的科学性，为流域防汛决策提供了强力支撑。

一、洪水预报手段的增加有效降低防汛决策风险

经过多年的实践和探索，珠江委水文局不断丰富完善洪水预报手段，着力在流域洪水预报方案体系和珠江洪水预报调度系统建设上下功夫。现已在珠江流域干支流 65 条河流 113 个控制断面建立了洪水预报方案，并根据河流水系特点和水利工程分布情况，搭建了西江、北江、韩江洪水预报方案体系，初步实现了以流域为单元的洪水预报与水库调洪演算应用。珠江洪水预报调度系统集成了多种洪水预报模型和数理统计分析模型，系统功能在历年洪水作业预报实践中得到不断完善。预报模型集成如三水源新安江产流模型、三水源滞后演算模型、分段马斯京根河道演算模型、BP 神经网络模型、潮汐动力模型、相关图模型等，可用于流域暴雨区内多数水文站（水库站）构建洪水预报方案并开展洪水作业预报。系统功能方面已具有流域雨水情站点批量增加、历史水文资料批量导入、洪水预报方案建立、洪水过程反演分析统计、获取气象机构降雨数值预报、洪水作业预报、预报成果优选发布等功能。

根据流域水工程防洪调度决策需要，可将洪水预报分为洪水精细预报和洪水趋势预测。洪水精细预报主要根据流域实况降雨、短临降雨修正预报，结合上下游水工程运行调度情况，使用珠江洪水预报调度系统形成初步洪水预报结果，经水利部、流域、省（自治区）等各级水文部门共同会商研判，得到相对统一的洪水预报结论。洪水趋势预测主要通过珠江洪水预报调度系统耦合气象预报产品，利用 3～7 天降雨数值预报成果开展洪水作业预报。在 2022 年汛前，珠江委水文局从广东省气象台引入预报员滚动分析后的精细网格降雨预报订正成果和广东省范围的逐小时雷达估算降雨实况及未来 3 小时雷达估算降雨预报成果，并耦合应用到珠江洪水预报调度系统中，为开展洪水精细预报成果分析提供更多更可靠的数据支撑，有效降低防汛决策风险。

二、气象预报应用有效延长洪水预报预见期

流域水工程防洪联合调度工作既需要 1～2 天的洪水精细预报，也需要参考 3～7 天的洪水趋势预测，争取调度时间上的裕度。近年来，珠江委水文局加强与气象部门的沟通交流与合作，不断提高洪水趋势预测效率。

一方面增加气象信息基础设施投入，搭建气象水文信息传输专用通道，实现本地获取气象实况和多种模式预报产品直连对接。现已实现与广东省气象台的双向 40M 带宽网络专线连接，有力保障气象信息的快速联通，极大提高了气象数据传输量与传输效率，为快速应用于洪水预测奠定基础。

另一方面通过多源信息融合处理形成支撑流域防汛业务的气象水文数据，耦合应用于珠江洪水预报调度系统。广东省气象台已提供中国 SCMOC 模式、欧洲中心

ECTHIN 模式、气象预报员分析制作的降雨预报订正成果等多种气象预报产品，网格分辨率也在不断提高，满足流域洪水预报方案体系对预见期降雨预报的需求。数值降雨预报产品已初步完成与流域洪水预报调度系统的适配处理，作为洪水预报调度系统输入边界条件，可以做出多套未来 7 天的洪水趋势预测分析成果。从降雨预报产品更新到多源信息融合处理，到洪水预报调度系统耦合应用，再到预报调度模拟结果输出，全流程可在 30 分钟内自动完成，大大缩短了洪水预测预报时间。预报员再根据自动预报调度模拟输出结果判断是否需要人工修正，作业预报整体效率明显提升。

在珠江"22.6"特大洪水防御过程中，珠江委水文局充分利用气象预报成果，将洪水预见期延长到 7 天，并根据降雨和洪水的实际发生情况，加强流域产汇流条件分析，及时调整预报模型参数，提高洪水预报精度，同时加强编号洪水预报预警会商研判，及时向水旱灾害防御等有关部门提供雨水情分析预报材料、向社会公众发布洪水预警。经统计，共发布洪水预报信息 1153 站次 32000 余条，报送水情简报 51 期，发送各类雨水情短信 7.03 余万条，向社会公众发布洪水预警 62 次，其中首次发布北江干流石角站洪水红色预警。在防御珠江"22.6"特大洪水期间，洪水趋势预报和编号洪水出现时间预测准确率高，西江梧州站、北江石角站、韩江潮安站等流域重要控制断面的预报误差均在 ±10% 以内，其中西江第 3 号洪水期间，梧州站 48 小时预见期洪峰流量预报误差仅为 −0.77%；北江第 2 号洪水和北江第 3 号洪水期间，飞来峡水库入库洪峰误差小于 2%，有力支撑了流域水工程防洪联合调度工作的开展。

第三节　珠江"四预"平台建设应用

为贯彻水利部党组关于大力推进数字孪生流域建设的相关决策部署，珠江委立足水利信息化建设现状及流域治理管理"四个统一"需求，先行开展数字孪生珠江先行先试建设工作，于 2022 年 5 月上线了"四预"平台，初步实现了洪水预报、预警、预演、预案"四预"功能。珠江"22.6"特大洪水期间，珠江委运用"四预"平台集成流域预报模型、水库群调度模型及重点河段淹没模型，基于预报预警信息，模拟分析重要河段大、中、微不同尺度洪水演进和淹没实景，实现调度方案自动生成、人工调优与联动预演，根据预演最优方案生成洪水防御预案，优化了防汛会商决策流程，为应对流域特大洪水提供科学高效的决策支撑，保障了人民群众的生命安全。

一、西江第 1、第 2、第 3 号洪水防御效果

2022 年 5 月 25—30 日、6 月 2—9 日、6 月 10—14 日，珠江流域先后发生 3 场强降雨过程，受其影响，西江先后发生 3 次编号洪水，期间流域内多个干支流河道站和

水库站发生多次超警和超汛限水位过程，防汛形势严峻。如图 8-1 所示。

图 8-1　西江 3 号洪水期间流域内超警、超汛情况

在西江第 1、第 2、第 3 号洪水期间，珠江委应用"四预"平台实时监控流域雨水汛情，动态掌握流域防汛形势，考虑降雨预报的不确定性，每日滚动进行洪水预报并分析研判，统筹上下游、左右岸防洪目标，动态生成不同调度方案并进行模拟预演，对比调度预演综合效益，推荐最优调度方案。3 次编号洪水期间共发布降雨预报图 192 张，发布洪水预报 224 站次，制作洪水调度方案 32 套，提前预判洪水量级，精准掌握洪水风险点，滚动优化洪水防御措施，有效应对了西江流域的 3 次编号洪水，确保了西江流域的防洪安全。

二、北江特大洪水和西江第 4 号洪水防御实践

西江第 4 次编号洪水期间，北江第 2 号洪水发展成特大洪水，暴雨洪水防御形势十分严峻。为做好暴雨洪水防御工作，珠江委运用"四预"平台实时监控流域雨水汛情，多模型交互滚动预测预报，分级分类预警，多尺度滚动预演调度方案，优选提出最佳调度方案，调度运用西江干支流水工程群进行拦洪、错峰、削峰，将西江洪水量级压减至西江干流堤防防洪标准之内，成功实现西江、北江洪水错峰。

（一）流域"四情"监控

"四预"平台充分汇集流域内雨量站、流量站、水位站、水库、堤防工程的监测数据以及险情、灾情上报信息，实时更新流域"四情"（雨情、水情、险情、灾情）数据；结合地图、表格、折线图等方式，时间上展示过去、现在、未来情况，空间上展示流域、区域、站点情况，结合平台的多时空智能分析、关联分析等技术，在西江

第 4 号洪水和北江特大洪水期间，快速研判水位涨落、超警、超汛等态势，明晰流域的防洪形势和防洪重点。

在雨情方面，平台集成流域内过去、现在和未来降雨信息；在水情方面，汇集了流域内河道站、水库站等监测站点实时信息，并通过地图和列表动态展示流域水情信息；在险情方面，通过工作组、检查组和地方部门等多种途径汇集流域内险情信息，并在平台上实时更新显示；在灾情方面，定时滚动接入更新流域内各地发生的灾情信息，包括所在省份、市县、街道、经济损失情况以及人员伤亡情况。如图 8-2 和图 8-3 所示。

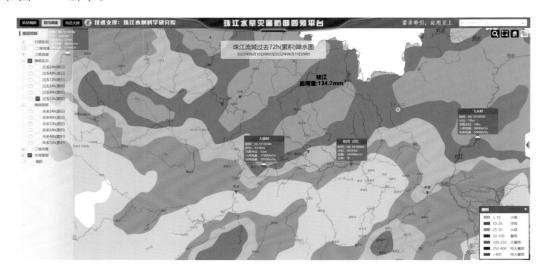

图 8-2　西江第 4 号洪水期间流域过去三天降雨实况

图 8-3　西江第 4 号洪水期间流域站点超警、超汛情况

（二）多模型交互式预报

前期西江已发生了3次编号洪水，土壤含水量接近饱和。为了对流域洪水进行更为快速、精准的预报，"四预"平台采用多模型集成及模型服务管理技术，集成新安江模型、TOPMODEL分布式水文模型、经验模型等多种预报模型，实现模型与应用系统解耦，提高模型的共享复用能力。基于中国气象局、欧洲中心等多种降雨预报源，进行自动值守滚动预报、交互式精细预报，结合前期洪水过程提取对应产汇流和洪水演进参数，对模型参数进行人工交互率定和校准，进一步提高洪水预报的精度，为流域防洪调度决策提供技术支撑。

结合未来降雨变化趋势，基于多种预报模型动态调整预报边界，滚动预报计算，预测梧州站6月23日下午洪水量级可能达到5年一遇左右的量级，且西江洪峰可能与北江洪峰遭遇，防汛形势十分严峻。西江第4号洪水期间洪水预报结果如图8-4所示。

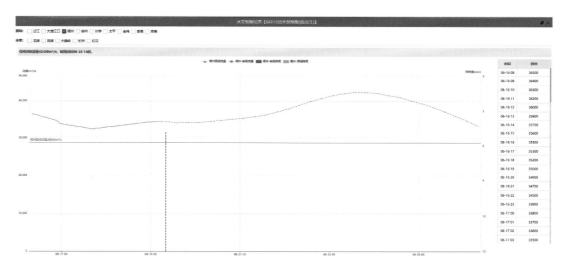

图8-4 西江第4号洪水期间洪水预报结果

（三）分级分类智能预警

"四预"平台根据实时水情和预报结果，结合水库、河道、堤防等工程指标数据，对超警河道站、超汛水库站、重要堤段等是否出险、漫堤或淹没等不同类型情况进行判别分析，按照"点—线—面"在一张图上分级展示预警信息，明晰流域薄弱环节与洪水风险，采用短信、电话、简报等方式及时发出预警信息，提醒地方做好相关防御工作。

从流域整体来看，西江第4号洪水期间，多个河道站、水库处于超警、超汛限运行状态；从干流来看，西江干流重要控制断面大湟江口站、大藤峡入库流量、梧州站均超过警戒流量；从支流来看，柳江柳州站洪峰流量超过警戒流量；从断面来看，梧州站超警戒流量最多，柳州站略高于警戒流量。同时结合知识平台，集成了不同站点的洪水频率成果，自动关联洪峰流量大小和频率划分标准，根据分析结果可知，梧州站发生5～10年一遇洪水，柳江发生5年一遇以下洪水，提前发布洪水预警信息直达一线。西江第4号洪水期间西江流域预警情况如图8-5所示。

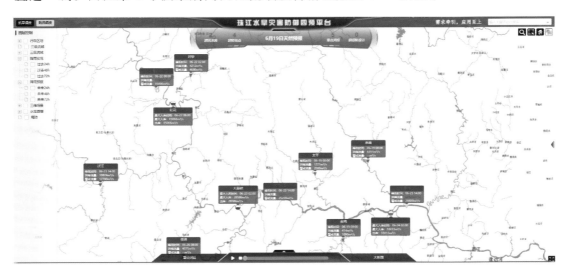

图8-5　西江第4号洪水期间西江流域预警情况

（四）多尺度多要素动态预演

为避免西江、北江洪水遭遇，降低下游防洪压力，结合上游水工程群，充分发挥水库群拦洪错峰作用，调度西江上游天一、光照、龙滩、岩滩、大藤峡等骨干水库，错开西江、北江洪峰。运用三维可视化仿真技术，实现珠江流域防洪数字化场景构建，综合研判当前流域水情和未来洪水发展态势，按照"总量—洪峰—过程—调度"链条，从流域大尺度、区域中尺度、城镇/工程微尺度场景对西北江洪水不同工况下的调度方案进行滚动预演。对比不同调度方案下防洪目标的洪峰削减程度、淹没影响、社会经济损失等评价指标，分析调度成效，比较多种调度方案后，确定了龙滩水库逐步增加下泄流量、岩滩水库保持1000m^3/s下泄流量、其他水库按照当前流量下泄的调度方案。

根据调度后西江洪水情况，考虑与北江洪水遭遇概率依然较大，利用"四预"平台人工交互调度模块，统筹调度大藤峡水库削减洪峰。大藤峡水库自6月20日14时起出库流量按照固定减少1200m^3/s下泄，龙滩、岩滩水库仍然按照"优化方案（龙、岩水库）"出库流量控制。经过调度演进后，大湟江口站洪峰流量削减至37000m^3/s，梧州站洪峰流量削减至37400m^3/s，将梧州段洪水量级降低至5年一遇以下。人工交互调度界面如图8-6所示。

（五）智能优化预案

在预案方面，充分利用超标准洪水防御预案、水工程运用方案、调度业务规则、

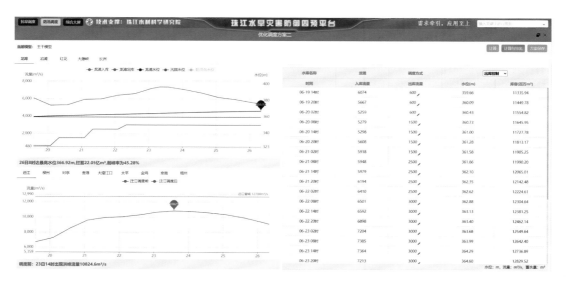

图 8-6　人工交互调度界面

历史情景模式等已有知识，通过知识图谱构建各水利要素间的知识关联关系，结合"四预"平台调度预演环节优选的工程调度方案，将防洪调度方案预演结果与超标准洪水防御预案、水工程运用方案预案等进行智能关联，结合不同河段、不同节点的洪水量级和风险隐患，对洪水防御预案中的对策措施进行智能优化。结合"技术—料物—队伍—组织"全链条给予地方科学精准指导，进一步细化、实化洪水防御预案中的对策措施，明确工程调度、蓄滞洪区运用人员转移等具体措施。西江第4号洪水预案界面如图8-7所示。

图 8-7　西江第 4 号洪水预案界面

洪水防御方案预案体系保障

洪水防御方案预案是有效应对特大洪水、科学有序开展洪水防御措施的依据。珠江流域已经初步形成了较为完备的洪水防御方案预案体系，在珠江"22.6"特大洪水期间，珠江委坚持底线思维，宁信其有、宁信其大，从最不利情况出发，提前按照方案预案实施洪水应对措施，为成功应对特大洪水奠定了坚实的基础。

一、珠江流域洪水防御预案方案体系基本完善

经过多年的努力和建设，珠江流域初步形成了以流域防御洪水方案、流域洪水调度方案、超标准洪水防御方案及重要支流、重要水库调度方案为主体覆盖全流域、贯穿全年的防洪调度方案预案体系，在流域洪水调度工作中发挥了重要作用。

（一）流域方案预案体系

为做好流域洪水防御工作，根据相关流域综合规划、流域防洪规划，结合流域防洪形势和防洪工程现状，珠江委会同流域相关省（自治区）组织编制了《珠江洪水调度方案》《珠江超标洪水防御预案》《韩江洪水调度方案》《韩江超标洪水防御预案》和《贺江洪水调度方案》《贺江超标洪水防御预案》，明确了西江、北江、东江和跨省河流韩江、贺江的骨干水库调度方式，厘清了水工程调度责任与权限，初步形成了覆盖全流域、贯穿全年的防洪调度方案体系。广西、广东两省（自治区）根据管辖范围分别编制了《柳江超标洪水防御预案》《郁江超标洪水防御预案》《桂江超标洪水防御预案》《北江超标洪水防御预案》《东江超标洪水防御预案》《潖江蓄滞洪区运用预案》和《广东省北江干流防御洪水方案》《广东省西北江三角洲防御洪水方案》。

（二）重点区域和重点工程方案预案体系

重点区域层面，珠江委会同广西、广东两省（自治区）编制了《粤港澳大湾区防洪保障方案》《粤港澳大湾区防洪调度方案》。广西、广东两省（自治区）分别组织编制了柳州、梧州、南宁、广州等国家重点防洪城市、流域重要防洪城市超标洪水防御预案，明确了不同量级的洪水安排。

重点工程方面，珠江委及地方各级水利部门组织在建水利工程编制了施工度汛方案，组织已建工程编制了年度洪水调度方案、防汛应急预案、超标洪水应急预案等方案预案。为确保重点水利工程大藤峡水利枢纽的汛期施工安全度汛，珠江委组织编制了《大藤峡水利枢纽施工期安全度汛保障方案》，明确大藤峡施工期安全度汛的实施单位和职责、水文监测预报预警任务和要求、应急响应启动条件、程序与调度措施，工程安全度汛保障措施等。

二、洪水防御预案方案体系在珠江"22.6"特大洪水防御中成效显著

以 2022 年西江第 4 号洪水和北江特大洪水防御为例。在洪水发生初期，根据水文预报研判西江 2022 年第 4 号洪水以柳江和桂江来水为主，属于中下游型洪水，北江可能发生洪水。根据《珠江洪水调度方案》和《珠江超标洪水防御预案》，拟定了龙滩、百色、天一、光照等水库拦蓄上游来水，柳江库群、郁江库群、桂江库群等支流水库尽可能拦洪错峰的调度方案。洪水发生中期，随着天气形势变化，强降雨落区发生偏移，北江预测来水增大，西江、北江洪水可能遭遇，西江流域防洪压力有所缓解；但北江流域来水不断增大，北江流域防汛形势严峻。根据《珠江洪水调度方案》和《珠江超标洪水防御预案》，对实时调度方案进行调整优化，制定了"西江水库群在减轻西江中下游防洪压力，视北江来水过程拦蓄西江洪水，尽可能错开北江洪峰，为北江洪水宣泄提供空间和时间"的实时调度方案。根据《广东省北江干流防御洪水方案》和《北江超标洪水防御预案》，研究制定了飞来峡水利枢纽和潖江蓄滞洪区的调度运用方式，根据飞来峡和潖江蓄滞洪区调度运用人员转移预案，并根据洪水风险图和"四预"平台实时预演，提出了淹没风险范围、转移人口和转移路线，为洪水防御决策提供技术支撑。

依据流域防汛预案方案体系，结合对水雨情和水工程防御能力的实时研判，科学调度运用流域水工程，确保了人民群众生命财产安全。

第五节　流域洪水风险图应用

洪水风险图是直观反映洪水可能淹没区域洪水风险要素空间分布特征或洪水风险管理信息的地图，可以定量和直观描绘可能淹没区域的洪水风险及洪灾损失，为各级政府防汛工作提供决策支持。在珠江"22.6"特大洪水防御过程中，编制的重点区域洪水风险图以其较高的实用性、科学的指导性，成为洪涝灾害风险评估的重要依托，为流域防汛工作科学决策提供了有力支撑。

一、洪水风险图的主要功能

洪水风险图直观反映了洪水可能淹没区域洪水风险要素空间分布特征或洪水风险管理信息，主要包括洪水淹没范围图、淹没水深图、避险转移图等。按照"平时指导管理，灾时指导应急"的应用思路，可将洪水风险图应用于防灾减灾救灾的全过程。

防灾：提前开展工程调度，按下游河道行洪能力提前调度上游水库、水电站预

泄，腾出防洪库容，用于洪峰来临时拦蓄洪水，达到削峰错峰目的。

减灾：提前转移受洪水威胁区域群众和财产，按洪水风险图划出相应等级洪水淹没范围，提前组织可能受洪水淹没区域的群众及财产，按照预定的转移线路转移至安置场所。

救灾：前置抢险救援队伍，组织协调解放军、武警、消防、社会救援队伍预置人员装备到洪灾高风险区域，提前加固堤防护岸或抢筑子堤。

二、流域洪水风险图编制情况

通过编制洪水风险图，对流域洪水风险科学识别和准确评估，主动规避、分担洪水风险，是新形势下提高综合防洪减灾能力的必然选择。通过水利部《全国重点地区洪水风险图编制项目》，珠江流域已完成流域重点地区洪水风险图的编制，流域洪水风险图编制情况见表8－1。

表8－1　　　　　　　　　珠江流域已编制洪水风险图区域

省（自治区）名称	区 域	堤 围 名 称
云南省	云南	陆良坝防洪保护区（陆良县）、玉溪市防洪堤防洪保护区、沾曲坝防洪保护区（曲靖市）、宜良坝防洪保护区（宜良县）、元江大江（元江县）
贵州省	贵州	都柳江（榕江县城）、都柳江（从江县）、都柳江（三都县）、马别河（兴义市）
广西壮族自治区	浔江区域	浔江防洪保护区、桂平至苍梧浔江防洪保护区、蒙江防洪保护区、下小河
	郁江及上游区域	南宁城区段、横县至贵港郁江段防洪保护区、郁江二期、澄碧河（百色市凌云县）、那渠河（崇左市）
	柳江区域	柳州城区、洛清江（柳州市鹿寨县）、西河（桂林永福县）
	贺江流域	富江（富川县）
	独流入海	南流江、清湾江段（玉林市）、防城河（防城港市）
	水库系列	龙滩水库、岩滩水库、百色水库、乐滩、百龙滩、桥巩水库
广东省	韩江三角洲区域	韩江南北堤、上蓬围、一八围、苏溪围、苏北围、东厢围、意东堤、秋北围
	梅江汀江韩江干流区域	汀江茶阳段、梅州大堤、松口保护区、畲江堤、西阳堤、梅南堤、丙村南堤、丙村北堤
	北江区域	清西围、清城联围、清北围、清东围、大旺围、北江大堤、潖江蓄滞洪区

省（自治区）名称	区　域	堤　围　名　称
广东省	西江区域	景丰联围、南岸围和新江围、联安围
	西北江三角洲区域	齐杏联围、顺德第一联围、罗格围、石龙围、容桂联围、佛山大堤、南顺联安围、南顺第二联围、十三围、金安围、沙坪大堤、江新联围、文明围、五乡联围、中顺大围、樵桑联围、珠海市（城区）、广州市（城区）
	东江及东江三角洲区域	河源市防洪堤（河源城区）、挂影洲围、马安围（惠州城区）、潼湖围、增博大围、惠州大堤（惠州城区）、东莞大堤（东莞城区）
	独流入海	罗江化州段
福建省	福建	汀江上杭段

三、洪水风险图的应用

洪水风险图在珠江"22.6"洪水防御中应用广泛，其中以潖江蓄滞洪区洪水风险图为例，介绍风险图在洪水防御中的具体应用。

（一）潖江蓄滞洪区概况

潖江蓄滞洪区是国家级滞洪区，位于飞来峡水利枢纽下游 10km 左岸，涉及清远市下辖的清城区飞来峡镇、源潭镇和佛冈县龙山镇。潖江蓄滞洪区内 17 宗堤围分为 4 个安全区和 13 个蓄洪区，其中饭店围、江咀围、白沙塘围和官路唇围设为安全区，其他堤围为分洪区，采用天然滞洪和人工滞洪结合的蓄洪方式。工程于 2020 年 3 月 27 日开工建设，施工总工期为 3 年，计划于 2023 年 6 月工程完工。项目建成后，围内可分洪最大库容为 2.61 亿 m^3，最大分洪流量为 1745m^3/s，通过与飞来峡水利枢纽联合运用，将北江大堤的防洪标准由 100 年一遇提高到 300 年一遇，使北江中下游堤围如清东、清西、清城等堤围的防洪标准由 50 年一遇提高到 100 年一遇，进一步提高珠江三角洲地区的防洪保安水平。

（二）潖江蓄滞洪区洪水风险图

根据潖江蓄滞洪区所处地理位置及流域水系特征，风险图编制单位收集整理珠江三角洲近期地形资料构建潖江蓄滞洪区一维、二维水动力数学模型；经率定和验证后，根据区域洪水组合方式、溃口条件和位置计算了多种典型工况下的洪水演进过程，统计分析了淹没范围、水深、流速、洪水到达时间等特征信息，叠加社会经济情况和交通、安置条件，绘制区域淹没图和避险转移图等相关图件，典型图件如图 8-8～图 8-10 所示。

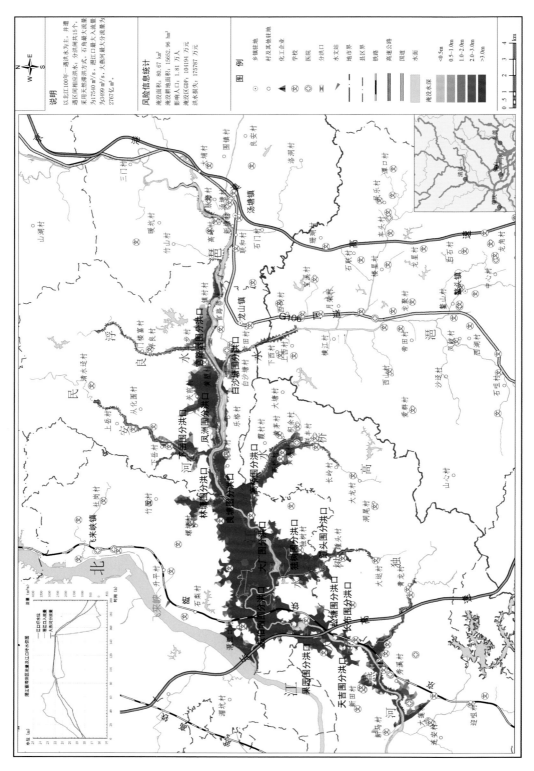

图 8 - 8　潖江蓄滞洪区北江 100 年一遇天然滞洪洪水淹没水深示意图

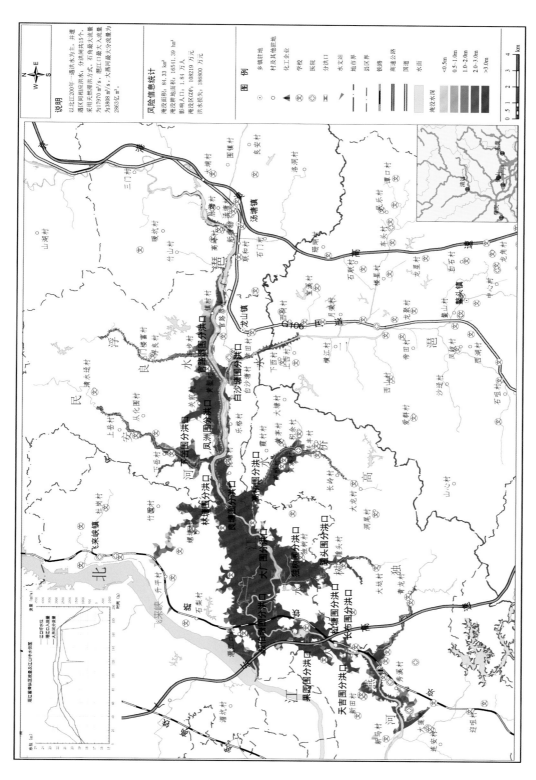

图 8 - 9　潖江蓄滞洪区北江 200 年一遇天然滞洪水淹没水深示意图

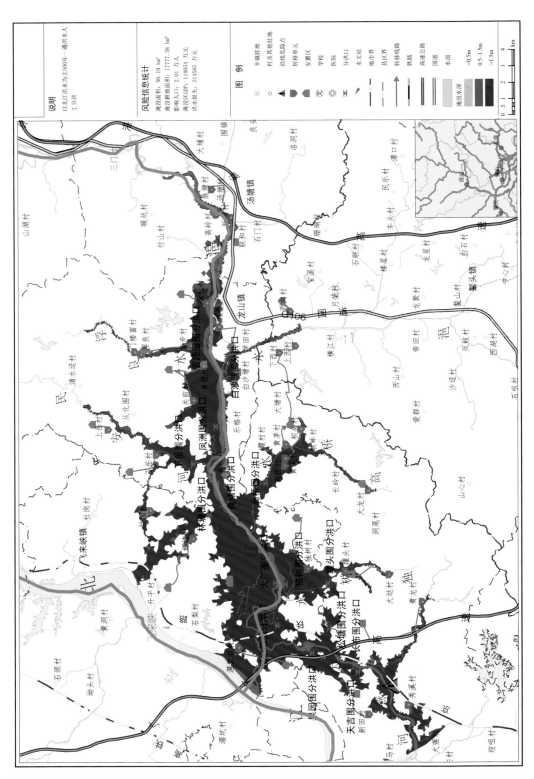

图 8 - 10 浛江蓄滞洪区避险转移示意图

（三）潖江蓄滞洪区洪水风险图在珠江"22.6"特大洪水中的应用

根据北江特大洪水期间的预报，飞来峡水库入库将达到约 20000m³/s，为超 100 年一遇洪水量级。据此，防汛指挥部门选取接近量级洪水风险图（100 年一遇：图 8-8 和 200 年一遇：图 8-9），提前研判出洪水将大面积淹没潖江蓄滞洪区，且地势低洼处的大厂围、独树围等受影响程度最大，淹没水深可达 3m 以上。防汛指挥部门将这些风险区域信息及时告知地方政府，并提前结合避险转移图（图 8-10）指挥做好群众转移工作。

实际情况下，本次特大洪水期间北江飞来峡水库 6 月 22 日 23 时出现最大入库流量 19900m³/s，为建库以来最大，超 100 年一遇；经水利工程调蓄，北江下游控制站石角站 6 月 22 日 11 时出现最大流量 18500m³/s，超 50 年一遇。遭遇此特大洪水，清远市先后启用了潖江蓄滞洪区独树围、踵头围、下岳围、大厂围（含江咀围）等 4 个堤围，潖江沿岸及这 4 个围内受淹严重。但借助潖江蓄滞洪区风险图相关成果，清远市已提前做好了潖江蓄滞洪区内受洪水风险区域居民的转移安置工作，保障了蓄滞洪区内居民的生命财产安全，极大地提升了防汛决策指挥的科学性和高效性。

第六节 空天地监测技术应用

随着航空航天技术发展，由雷达卫星遥感技术、无人机遥感技术和洪涝灾害常规地面监测技术三者共同构成的空天地监测技术应用日益广泛。利用雷达卫星遥感技术可以实现洪涝灾害淹没范围和淹没面积的大尺度连续动态监测，而利用无人机遥感技术可以快速获取洪涝灾害的空间遥感信息并进行实时处理、建模和分析。地面洪水调查技术如洪痕测量、调查访问、河道踏勘在地面进行信息采集、现场取证和分析判断，相比遥感技术具有精度高、实时性的特点。因此，结合了雷达卫星遥感技术、无人机遥感技术和地面洪水调查技术的"空天地"一体化技术不仅拓展了对灾害事故的监测覆盖面，还提高监测结果精准度与时效性，由点到面地反映洪涝灾害的总体情况，可以多角度、多识相、系统性地为防洪减灾决策提供技术支撑。

一、极化雷达卫星遥感监测

星载合成孔径雷达（Synthetic Aperture Radar，SAR）是一种利用微波波段进行观测的主动式传感器，对云雨、植被等有一定的穿透力，具有全天时、全天候获取地面信息的独特优势，已经成为洪涝灾害遥感监测的主要手段。如 Sentinel-1 雷达卫星、国产 GF-3 雷达卫星等，不仅空间分辨率高、重返周期短，且具有多种成像模式，而且可以实现大范围洪涝灾害的区域覆盖，在洪涝灾害监测方面具有广阔的应用前景。传统的雷达遥感洪涝灾害监测主要是利用 SAR 影像中水体和非水体之间后向散射特性差异识别水体，如阈值分割法等非监督分类方法不仅受人为因素影响较大，自动化程度不高，而且不适合大尺度范围的洪涝灾害监测。而深度学习算法可以通过对雷达影像中洪涝水体的边界、纹理、上下文等丰富的多层次空间特征的学习与分析，准确地挖掘高分辨率雷达遥感影像中更深刻更本质的水体特征，提高洪涝水体识别的准确度。卷积神经网络（Convolutional Neural Network，CNN）是深度学习中应用最广泛的算法，具有局部连接、权值共享等特性，可以降低网络的复杂度，减少参数数量，性能远优于传统机器学习算法，目前已被广泛应用于图像处理领域。其中 ResNet50 深度学习模型结构简单，对硬件设施要求较低，相比其他网络准确度更高，因此利用该模型有利于开展复杂地表下洪涝灾害淹没信息进行大尺度自动化提取。

利用基于极化雷达卫星遥感的洪涝灾害监测技术，在珠江"22.6"特大洪水期间，采用 2022 年 6 月 2—26 日 6 期 Sentinel - 1、GF - 3 卫星雷达影像数据，构建了适合于山区的洪涝淹没范围自动提取模型。将 6 月 2 日雷达影像中北江流域水体识别结果视为洪涝灾害灾前水体，6 月 14—26 日水体识别结果视为洪涝灾害灾中、灾后水体，最终通过叠加分析得洪涝灾害灾前、灾中和灾后淹没范围分布情况和淹没面积统计情况。有效解决了特大洪涝灾害淹没范围及其时空变化情况的大尺度、连续动态地监测和分析，洪水灾害发生期间的实际淹没范围和淹没面积提取，洪涝灾害防御工作的数据支撑和信息服务等难点问题。

二、无人机遥感监测

无人机遥感（UAV Remote Sensing，UAVRS）作为航空遥感手段，具有续航时间长、影像实时传输、高危地区探测、成本低、高分辨率、机动灵活等优点，是卫星遥感与有人机航空遥感的有力补充，在国内外多领域已得到广泛应用。其以无人机为平台，以遥感传感器为载荷，结合遥测遥控技术、通信技术、POS 定位定姿技术、GNSS 差分定位技术和遥感应用技术，快速获取空间遥感信息并进行实时处理、建模和分析。既可以从宏观上观测灾区、灾情等信息，为应急救灾、灾情评估、灾后治理工作提供决策依据，也可以实时快速跟踪和监测突发灾害事件的发展情况，及时制定处理措施，减少灾害损失。

洪涝灾害发生时，常出现通信和交通受阻、道路不通、信息滞后等情况，而无人机不受地域和时空的限制，可以第一时间对灾区进行险情探测，为应急抢险和防灾部署提供可靠、准确的实时信息保障和技术支持。

针对珠江"22.6"特大洪水灾害，基于垂直起降固定翼无人机航摄系统、四旋翼无人机航摄系统、GNSS 定位系统等设备，完成了潖江蓄滞洪区大厂围、独树围、踞头围、江咀围等围，北江波罗坑堤围，洸洸镇，连江口镇，盲仔峡及飞来峡的无人机遥感监测，快速直观地获取洪水发生区域的淹没情况，获得了淹没区域的正射遥感影像、数字表面模型和三维实景模型等重要成果（图 8-11、图 8-12），为抗洪抢险决策制定提供了强有力的数据支撑。

图 8-11　北江波罗坑及港江蓄滞洪区淹没调查影像

图 8-12　港江蓄滞洪区珠寮村 360°全景影像（摄于 2022 年 6 月 22 日）

三、地面洪水调查技术

洪水调查是水文资料收集的一种补充手段，洪水调查包括洪痕测量、调查访问、河道踏勘。通过现场走访调查及人工指认的方式确定调查河段洪水痕迹和断面冲淤变化情况，为辅助验证淹没水深以及为复测提供依据；通过现场踏勘，按照河床组成和床面特性等河段整体情况，确定调查河床和河段的糙率；通过访问调查洪水发生的时间、最高洪水位的痕迹和洪水的峰现和消退过程，洪水发生时河道中河床、滩地的变化情况、冲淤变化、河道纵断面、河道简易地形以及历史洪水发生情况，最终完成河段洪痕、洪水过程、历史洪水情况的调查。

暴雨洪水受灾范围较广、造成损失较大，开展地面洪水调查工作，分析洪水成因、淹没状况、洪峰流量沿河演进情况，确定调查河段重要断面洪水洪峰流量、洪水总量和重现期，可以为今后洪灾转移避险以及洪水水位对比提供参考依据，也为洪涝灾害的预警预报、防洪减灾和优化水利工程调度以及涉水工程建设设计提供坚实的可靠支撑和决策依据。

在珠江"22.6"特大洪水期间，珠江委调查组赴韶关市、清远市等重点洪水受灾地区，全面开展了洪痕调查工作，调查区域包括北江波罗坑堤围、石角、盲仔峡及飞来峡，连江口支流、滨江支流等干支流重要河段，白石窑电站、清远水利枢纽、三水西南水闸等防洪工程。调查组深入乡镇采用走访调查和现场核实相结合的方式进行洪水调查（图8-13），通过全面系统地调查分析，准确掌握了洪水灾害发生的实际资料，深入复盘分析并总结相关经验，为后续开展洪水调查积累数据，为今后暴雨洪水灾害防御工作提供技术支撑和科学依据。

（a）潖江蓄滞洪区 （b）北江波罗坑堤围

图8-13 洪痕测量及水面高程测量

第七节 通信网络及视频会议保障

2022年6月在南方地区暴雨洪水防御部署上，国家防总副总指挥、水利部部长李国英强调"要立足于防大汛、抗大险、救大灾，坚持底线思维、极限思维，提前做好各种应对准备"。珠江委提前开展通信网络、视频会商、云平台以及网络安全的风险排查、设备调试等工作，及时消除软硬件潜在隐患，为汛期顺利开展线上指挥，珠江水旱灾害防御"四预"平台稳定运行奠定扎实基础。在珠江"22.6"特大洪水防御期间，珠江委依托高速互联的通信网络，安全可信的云平台以及会商融合的云视频会议系统，有力支撑了防汛指挥各项线上业务顺利开展。

一、7×24 小时运维保障，确保通信网络畅通

经过多年建设，珠江委先后完成了水利部专线、流域省区网、委属单位专线以及应急通信网建设，为日常办公、数据传输、视频会议等业务提供了稳定网络。在珠江"22.6"特大洪水防御期间，珠江委成立运维专班，全力做好通信网络 7×24 小时运维保障，为顺利开展线上调度指挥、防汛视频会议等工作，提供了坚实基础。

一是通信网络运维保障。汛前，珠江委对通信网络进行了全面排查，及时消除了通信网络的潜在风险。在珠江"22.6"特大洪水防御期间，珠江委每天巡检通信系统中继链路，完成通信系统故障修复 2 次，终端故障维修 46 次，确保了汛情信息实时上报，调度指令准确下达，有力支撑了本次特大洪水的防御工作。

二是应急通信设备运维保障。珠江委的防汛应急通信采用公网和防汛应急专用网相结合，以利用社会公用通信网为主、防汛专业网为辅的技术路线进行建设。汛前，珠江委对应急通信设施运行状况进行全面检查，排查并消除故障隐患，提前做好迎接汛期大考的充分准备。在珠江"22.6"特大洪水防御期间，珠江委加强防汛应急通信设备维护保养，定期检查卫星主站运行状况，确保第一时间为防汛抢险工作提供应急通信支撑。

二、聚焦安全可控，"四预"平台转向信创路线

信创，即信息技术应用创新产业，其是数据安全、网络安全的基础，也是新基建的重要组成部分。信创产业涉及硬件、软件、数据库、操作系统等，旨在实现信息技术领域的自主可控，是国家实现科技自立自强的一项重要发展战略。2016 年 10 月 9 日，习近平总书记在中共中央政治局第三十六次集体学习时提出，要紧紧牵住核心技术自主创新这个"牛鼻子"，抓紧突破网络发展的前沿技术和具有国际竞争力的关键核心技术，加快推进国产自主可控替代计划，构建安全可控的信息技术体系。要改革科技研发投入产出机制和科研成果转化机制，实施网络信息领域核心技术设备攻坚战略，推动高性能计算、移动通信、量子通信、核心芯片、操作系统等研发和应用取得重大突破。旨在通过对 IT 硬件、IT 软件各个环节的重构，建立我国自主可控的 IT 产业标准和生态，逐步实现各环节的国产替代。

珠江委利用两年半的时间，建成了基于信创技术路线的云平台，平台能够提供 3000＋个核心、6000＋GB 内存和 200TB 本地存储以及多套信创技术路线的国产基础软件。珠江水旱灾害防御"四预"平台基于信创技术路线开发，平台部署在珠江委信创云平台，从芯片级保障了该平台的独立自主和安全可控。在珠江"22.6"特大洪水防御期间，珠江委信创云平台为珠江水旱灾害防御"四预"平台的全域联机滚动洪水预报、大数据分析挖掘、高频监测数据存储等方面提供了扎实的算力保障，有效支撑了珠江委开展防汛抢险业务的顺利开展。

三、启用云视频会议系统，全方位支撑视频会商

云视频会议系统，是以云计算为核心，用户无需购买 MCU，无需大规模改造网络，实现在会议室、个人电脑、移动状态下进行多方视频沟通。珠江委建设的云视频会议系统，可通过多种网络满足视频会议终端、PC、智能手机、移动单兵等互联网接入，系统支持与国家水利部视频会议系统、珠江委现有视频会议系统数字对接，实现音频、视频、双流互联互通，并能支持大规模视频并发，实现个人手机和电脑在任何一个地方接入。

在珠江"22.6"特大洪水防御期间，珠江委通过升级云视频会议平台、视频会议终端冗余备份以及会议室网络优化调整等多项措施，为水利部、珠江防总、珠江委与流域各省（自治区）联合会商，顺利开展线上洪水调度、应急指挥等业务提供了有力保障。同时，按照珠江防总应急响应要求，珠江委技术中心建立起"1+1+3"（1名中心领导、1名部门负责人、3名重点保障人员）的视频会商应急保障体系，即中心领导靠前指挥，部门负责人抓实落细，重点保障人员做好 24 小时会议保障值班、会议测试以及设备维护等各项重点保障工作，在整个特大洪水防御期间，累计保障珠江委与水利部及地方防汛部门视频会商会议近 40 次。

四、做好主动防御，筑牢网络安全防线

主动防御是对整个计算机网络进行实时监控，在入侵行为对计算机系统造成恶劣影响之前，能够及时精准预警，实时构建弹性防御体系，避免、转移、降低信息系统面临的风险的安全措施。同时主动防御系统也会收集可疑行为的连接计算机的方式（潜在入侵行为）以及其他有用信息（了解入侵者的信息等）。用户可以通过该信息利用一些"攻击"手段来对抗入侵者，使其入侵难以进行。目前业内较为主流的主动防御手段包括态势感知、数据加密、蜜罐技术以及访问控制等。

珠江委在政务外网部署了态势感知、虚拟化防护、移动防护等软硬件防护设施，构建满足等保 2.0 标准的网络安全体系，为珠江委网络内的主机、应用、网络提供全天候、全方位的安全防护。珠江"22.6"特大洪水防御期间，珠江委技术中心加强值班值守，通过态势感知平台、APT 预警平台等主动安全防护设施对珠江委网络进行24 小时不间断监控，累计阻拦 658 次外部网络攻击，没有发生安全事件，有力地保障了珠江委开展防汛抢险线上业务。

第九章

加强宣传引导
凝聚防汛抗洪强大精神力量

2022 年 6 月，珠江遭遇史上罕见的洪水"车轮战"，北江发生特大洪水，社会各界高度关注。面对来势汹汹的特大洪水，在水利部党组的正确领导下，在水利部办公厅、水旱灾害防御司和水利部宣传教育中心、中国水利报社的有力指导下，珠江委及流域有关省（自治区）坚持正面宣传、积极主动发声，加大信息发布力度，加强组织策划，强化媒体联动，密切跟踪报道防汛举措成效，精心制作《珠江流域迎战"22.6"洪水纪实》宣传片，通过电视、报刊、网站、新媒体等多渠道、多角度、全方位主动回应社会关切，及时有效引导舆论。人民日报、新华社、中央广播电视总台等中央主要媒体及时播发预报预警信息和洪水防御情况，其中新华社《如何看待今年流域汛情》等报道阅读量超 300 万人次，央视《焦点访谈》推出特别节目《迎战"龙舟水"》，为打赢防汛抗洪攻坚战凝聚了强大的精神力量，提供了强有力的舆论支持。

第一节　高位部署防汛宣传工作

水利部党组高度重视水旱灾害防御宣传工作，国家防总副总指挥、水利部部长李国英多次主持召开会议，专题研究部署水利宣传工作，要求坚持正面宣传，积极发声，主动回应社会关切，提升社会公众防灾避险意识和自救互救能力。刘伟平副部长多次在防汛会商会上对宣传信息工作提出具体要求。

水利部办公厅制定印发《2022 年水利宣传工作要点》，安排部署水旱灾害防御宣传重点；水旱灾害防御司要求全力做好暴雨洪水防御宣传工作，强调要切实提高认识、突出宣传重点、提高宣传质量、搜集宣传素材、加强宣传报送。水利部宣传教育中心聚焦防汛重点，及时发布新闻通稿，统筹协调主流媒体加强正面引导。中国水利报社派出记者深入珠江抗洪一线采访，报、刊、网、微融媒集群同向发力，传递防汛工作正能量。

珠江委党组充分认识做好水旱灾害防御宣传工作的重要意义，王宝恩主任多次对新闻宣传和舆论引导作出批示，主持召开 2022 年珠江委宣传工作会议，部署全委防汛宣传工作，要求大力宣传党中央、国务院、水利部对防汛工作的部署要求；及时发布雨水汛情、洪水预报预警信息和防御工作动态，广泛宣传水利部门强化"四预"措施、科学精细调度水工程取得的显著成效；深入报道流域防洪工程体系发挥的防灾减灾作用，挖掘抗洪一线涌现的先进典型。分管委领导靠前指挥，抓实抓细新闻报道、媒体沟通、新媒体建设等各项工作。

珠江委按照"抓大势、抓时效、抓时机、抓亮点、抓机制、抓平台"的宣传工作总要求，及时制定《珠江委 2022 年水利宣传工作要点》，早部署、早谋划水旱灾害防御宣传工作，汛前围绕珠江防总会议、防汛备汛、防洪调度演练等做好重大宣传报道；汛期紧抓防汛重点工作，聚焦编号洪水、启动应急响应、强化"四预"措施、科学精细调度水库群、"四个链条"精准管控洪水等，明确宣传内容、宣传方式、宣传时机，做到与业务工作同计划、同部署、同落实。同时，加强与水利部办公厅、水旱灾害防御司沟通汇报，与水利部宣传教育中心、中国水利报社等密切联系，凝聚工作合力（图9-1）。

图9-1　珠江委召开2022年宣传工作会议

第二节　主动发声回应社会关切

　　珠江"22.6"特大洪水期间，雨水汛情严峻复杂，洪水量级不断攀升。珠江委闻"汛"出击，紧盯雨情、水情、汛情发展变化，充分利用网站、微信公众号等平台，及时发布暴雨洪水信息，及时向新闻媒体通报防御情况，第一时间报道流域防汛工作举措和进展成效，不断壮大防汛抗洪正面声音。

　　5月中旬，珠江流域遭遇入汛后最强降雨过程。珠江委认真贯彻落实习近平总书记关于防汛工作重要讲话指示批示精神和国务院领导同志批示要求，提高政治站位，坚持"防住为王"，全力以赴做好暴雨洪水防御工作，第一时间发布相关信息，在部官微、部微博、今日头条等平台推出《珠江委强化"四预"措施 全力应对珠江流域防汛首场大考》综述性报道。人民日报、新华社等媒体高度关注，央视新闻一周内发布流域强降雨防御新闻播报14条。

　　5月30日，西江发生第1号洪水，为2022年我国大江大河首次发生编号洪水。

按照李国英部长从严从细从实采取措施，确保实现"人员不伤亡、水库不垮坝、重要堤防不决口、重要基础设施不受冲击"目标的要求，珠江委紧盯编号洪水、防汛会商会，第一时间撰写新闻报道，传达贯彻会商会精神，在珠江水利网、"珠江水利"微信公众号发布《西江发生2022年第1号洪水》《珠江流域将出现新一轮持续性强降雨过程　珠江委会商部署暴雨洪水防范应对工作》《珠江委启动水旱灾害防御Ⅳ级应急响应　全力做好近期暴雨洪水防御工作》等报道，各大主流媒体高度关注并纷纷转发。

6月6日17时，西江发生第2号洪水；6月12日20时，西江发生第3号洪水；6月13日14时，韩江发生第1号洪水；6月14日11时，北江发生第1号洪水，珠江流域发生流域性较大洪水。一场场洪水接踵而至，流域防汛形势非常严峻。珠江委迅速传达贯彻习近平总书记在四川考察时关于做好防汛救灾工作的重要指示精神以及王勇国务委员在珠江防汛检查时的重要讲话精神，推出《珠江委党组专题学习贯彻习近平总书记在四川考察时关于做好防汛救灾工作的重要指示精神》等相关报道，第一时间传达珠江委立足防大汛、抗大险、救大灾，做细做实各项防汛抗洪措施，切实保障人民群众生命财产安全的使命与担当。根据汛情发展变化，珠江委围绕编号洪水、提升应急响应等关键节点，组织采写《西江将发生2022年第2号洪水》《西江、韩江相继发生编号洪水　珠江委将水旱灾害防御应急响应提升至Ⅲ级》《珠江流域发生流域性较大洪水　珠江委进一步安排部署洪水防御工作》等报道。

6月19日8时，西江发生第4号洪水；6月19日12时，北江发生第2号洪水，珠江流域再次发生流域性较大洪水。6月20日12时，珠江防总启动防汛Ⅱ级应急响应。珠江委立即启动应急宣传机制，加强宣传值班值守，密切跟踪报道，及时发布《珠江委迅速贯彻落实李国英部长在珠江流域现场指挥调度防汛工作的部署要求　进一步安排部署暴雨洪水防御工作》《珠江委工作组深入广东、广西一线协助指导地方开展暴雨洪水防御工作》《西江、北江同时发生编号洪水　珠江流域再次发生流域性较大洪水》《珠江委水文局发布洪水红色预警》《珠江防总启动防汛Ⅱ级应急响应》《珠江流域防汛形势严峻　珠江委进一步严明防汛工作纪律》等报道。

防汛期间，不仅是防汛会商室灯火通明，宣传团队也同样日夜坚守。6月21日晚，鉴于北江第2号洪水将发展成特大洪水，西江第4号洪水正在演进，水位持续上涨并较长时间维持高水位运行，21日22时深夜，珠江防总将防汛Ⅱ级应急响应提升为Ⅰ级。宣传人员紧绷防汛这根弦，铆足干劲，第一时间在官网、官微、中国水利报等平台发布《珠江流域北江将发生特大洪水　珠江防总将防汛Ⅱ级应急响应提升至Ⅰ级》《珠江防总启动防汛Ⅰ级应急响应　珠江委派出11个工作组赴一线协助指导洪水防御》等报道（图9-2、图9-3）。

随着洪水出峰回落，珠江委持续跟踪后续防汛工作，发布《珠江防总常务副总指挥、珠江委主任王宝恩赴北江大堤、港江蓄滞洪区指导洪水防御工作》《北江、西

珠江流域北江将发生特大洪水
珠江防总防汛应急响应
提升至 I 级

本报讯（记者 **杨轶 吴怡蓉**）受近期强降雨影响，珠江流域北江今年第2号洪水将发展成特大洪水，西江今年第4号洪水正在演进，水位继续上涨并将较长时间维持高水位运行，防汛形势极其严峻复杂。珠江防总抗旱总指挥部于6月21日22时将防汛Ⅱ级应急响应提升至I级。

珠江防总要求广东省进一步落实防汛责任，加密监测预报预警；精细调度水工程，科学安排蓄洪、滞洪、分洪等措施，强化水库安全度汛、堤防巡查防守和山洪灾害防御；全力做好受威胁地区人员转移避险和抢险救援工作，确保人民群众生命财产安全，确保西江、北江重要堤防和珠江三角洲城市群防洪安全。

图 9 - 2　中国水利报头版头条发布的报道

图 9 - 3　新闻宣传工作者深入一线报道

江相继出峰回落　珠江委持续做好主要江河洪水防御工作》《珠江防总将防汛应急响应调整为Ⅲ级》等报道，及时提醒社会公众严密防范洪水退水阶段风险。

第三节　统筹协调增强报道深度

为深入宣传珠江"22.6"特大洪水的典型特征、防御举措和亮点成效，珠江委畅通信息发布渠道，加强与有关宣传机构的协作配合，以事实和数据说话，通过历史对比和科学分析，深刻反映防汛抗洪救灾体现出的社会主义制度优越性，人民至上、生命至上和坚持流域"一盘棋"、强化流域统一调度的先进理念。

人民日报、新华社、中央广播电视总台、光明日报、中新社等中央主流媒体坚持"人民至上、生命至上"理念，推出一批典型报道、融合报道、解读报道，以视频镜头般的叙事语言，用特写、回放、长镜头等表现手法，复盘总结本次大洪水防御工作，记录波澜壮阔的抗洪故事，大力弘扬伟大的抗洪精神（图9-4）。人民日报推出综述稿《珠江流域汛情严峻！210条河流发生超警以上洪水》，详细介绍流域汛情特点和流域防洪工程体系发挥的防洪效益，深度报道水利部门提高政治站位，精心组织、科学施策，夺取洪水防御工作的全面胜利。新华社发表综述稿《如何看待今年珠江流域汛情》，深入分析2022年"龙舟水"凶猛的原因、流域防洪采取的工程和非工程措施等。光明日报发表深度报道《以雨为令，打好防汛"主动仗"》，详细解析洪水来势汹汹、汛情严峻形势，以及水利部、珠江委科学调度水库群的做法成效。中新社刊发综述稿《暴雨台风"连击"珠江流域　探秘流域迎战洪水四大"秘籍"》，以翔实的数据、客观的分析，展示强化流域统一调度的重要作用，并与1915年6月大洪水进行对比，有力反映在中国共产党领导下流域防洪减灾取得的巨大效益。

珠江流域汛情严峻！210条河流发生超警以上洪水

人民日报中央厨房·蓝蓝天工作室　　作者：王浩　　2022-06-22 18:42:00 已编辑

雨势凶猛、河水上涨，珠江流域汛情牵动人心！

6月21日22时，珠江防总将防汛Ⅱ级应急响应提升至Ⅰ级。

今年入汛以来，我国强降雨过程多，大江大河编号洪水次数多，且主要集中在珠江流域。抵御珠江流域洪水，有哪些举措？接下来全国汛情将如何发展？

新华全媒+|如何看待今年珠江流域汛情

2022-06-23 17:21:52　　　　　浏览量：47.0万
来源：新华社

新华全媒+　　　　　　　　　查看详情 ＞

近期，珠江流域遭遇洪涝灾害，其中北江出现特大洪水。珠江流域今年汛情有何特点？为何洪水来势汹汹？水利部珠江水利委员会有关专家进行了分析解读。

当前北江干流洪水正缓慢回落，广东省防汛防旱防风总指挥部于6月23日11时将防

图9-4　人民日报、新华社等中央主流媒体相继报道

6月22日，央视《焦点访谈》栏目组策划制作珠江流域本轮防汛专题报道，及时总结洪水防御的好经验好做法，为全国防汛救灾提供有益参考借鉴。珠江委积极配合，总结了流域雨水汛情特点、汛情凶猛原因、主要防御措施以及防御工作成效，梳理了洪水现场、工作组一线、会商研讨、"四预"平台、水库调度等素材。6月24日《焦点访谈》特别节目《迎战"龙舟水"》正式播出（图9-5），全面展现了水利部门防御流域性较大洪水，特别是防御北江流域特大洪水的卓越成效，引起社会各界广泛关注。

珠江委及时总结宣传，以"珠江流域防住了！"为主线，推出综述性报道《防大汛　保安澜——珠江流域迎战洪水大考》，从运筹帷幄、周密部署，强化"四预"、赢

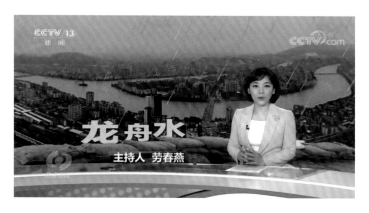

图 9－5　《焦点访谈》特别节目《迎战“龙舟水”》

得主动，科学调度、错峰御洪，合力抗洪、步步为营等方面，全景式展示了在水利部党组正确领导下，珠江委党组坚持“防住为王”，坐镇指挥、日夜坚守、科学防控，成功应对多次编号洪水，确保了西江、北江干堤和珠江三角洲城市群安全。

同时，高质量制作防汛专题宣传片《防大汛　战洪水　保安澜——珠江流域迎战“22.6”洪水纪实》，全面展现珠江委及流域各省（自治区）齐心协力战洪水，为保障西江、北江干堤和珠江三角洲城市群安全、支撑流域高质量发展所作的不懈努力。通过与水利部层面宣传平台协同联动，借助水利部官微、中国水事官微、新华网客户端等水利行业头部账号的引流推广，专题宣传片点击量超 10 万，社会公众和行业内外踊跃点赞，自主转发，反响热烈（图 9－6、图 9－7）。

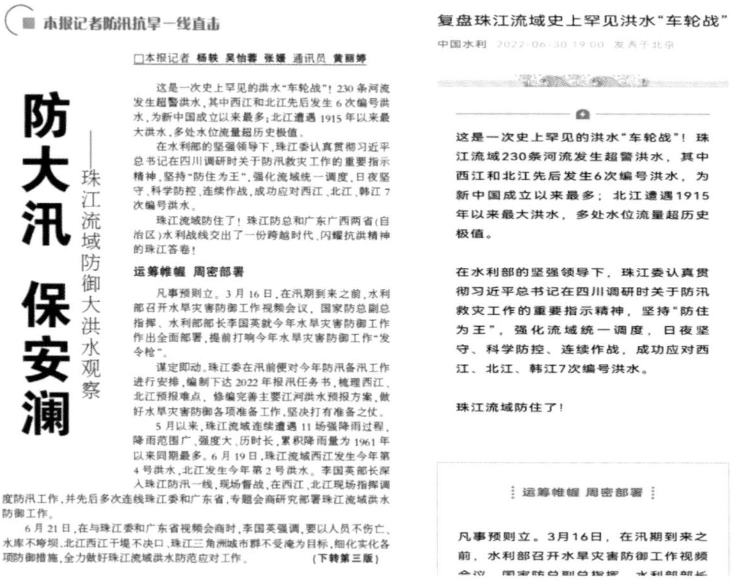
■ 本报记者防汛抗旱一线直击

防大汛　保安澜

——珠江流域防御大洪水观察

□本报记者 杨轶 吴怡蕾 张媛 通讯员 黄丽婷

这是一次史上罕见的洪水“车轮战”！230 条河流发生超警洪水，其中西江和北江先后发生 6 次编号洪水，为新中国成立以来最多；北江遭遇 1915 年以来最大洪水，多处水位流量超历史极值。

在水利部的坚强领导下，珠江委认真贯彻习近平总书记在四川调研时关于防汛救灾工作的重要指示精神，坚持“防住为王”，强化流域统一调度，日夜坚守、科学防控、连续作战，成功应对西江、北江、韩江 7 次编号洪水。

珠江流域防住了！珠江防总和广东广西两省（自治区）水利战线交出了一份跨越时代、闪耀抗洪精神的珠江答卷！

运筹帷幄　周密部署

凡事预则立。3 月 16 日，在汛期到来之前，水利部召开水旱灾害防御工作视频会议，国家防总副总指挥、水利部部长李国英就今年水旱灾害防御工作作出全面部署，提前打响今年水旱灾害防御工作“发令枪”。

谋定即动。珠江委在汛前便对今年防汛备汛工作进行安排，编制下达 2022 年报汛任务书，梳理西江、北江预报难点，修编完善主要江河洪水预报方案，做好水旱灾害防御各项准备工作，坚决打有准备之仗。

5 月以来，珠江流域连续遭遇 11 场强降雨过程，降雨范围广、强度大、历时长，累积降雨量为 1961 年以来同期最多。6 月 19 日，珠江流域西江发生今年第 4 号洪水，北江发生今年第 2 号洪水。李国英部长深入珠江防汛一线，现场督战，在西江、北江现场指挥调度防汛工作，并先后多次连线珠江委和广东省，专题会商研究部署珠江流域洪水防御工作。

6 月 21 日，在与珠江委和广东省视频会商时，李国英强调，要以人员不伤亡、水库不垮坝、北江西江干堤不决口、珠江三角洲城市群不受淹为目标，细化实化各项防御措施，全力做好珠江流域洪水防范应对工作。（下转第三版）

复盘珠江流域史上罕见洪水“车轮战”

中国水利　2022-06-30 19:00　发表于北京

这是一次史上罕见的洪水“车轮战”！珠江流域230条河流发生超警洪水，其中西江和北江先后发生6次编号洪水，为新中国成立以来最多；北江遭遇1915年以来最大洪水，多处水位流量超历史极值。

在水利部的坚强领导下，珠江委认真贯彻习近平总书记在四川调研时关于防汛救灾工作的重要指示精神，坚持“防住为王”，强化流域统一调度，日夜坚守、科学防控、连续作战，成功应对西江、北江、韩江7次编号洪水。

珠江流域防住了！

运筹帷幄　周密部署

凡事预则立。3月16日，在汛期到来之前，水利部召开水旱灾害防御工作视频

图 9－6　在中国水利报、水利部官微等平台发表洪水防御综述性报道

图 9 - 7　防汛专题宣传片《防大汛　战洪水　保安澜——
珠江流域迎战 "22.6" 洪水纪实》

第四节　多方联动传递防汛强音

面对紧张的防汛形势，水利部、珠江委和广西、广东两省（自治区）等各级水利部门坚持正面宣传、积极主动发声，对防汛重要节点、重大决策部署进行宣传报道。中央、地方主流媒体尽锐出战，以推出特别报道、滚动发布信息、开设专题专栏等多种形式，在重点新闻栏目、黄金时段开展高密度、大声势的宣传报道，内外联动、通力合作，唱响防汛最强音。

在防御珠江 "22.6" 特大洪水期间，水利部、珠江委和广西、广东等省（自治区）的各级水利部门网站、微信公众号及时发布雨情、水情、汛情和部署举措，报道各地科学防汛经验，展现各级水利部门共筑防汛抗洪坚固防线的奋斗坚守，在回应关切中凝聚防汛抗洪正能量。"中国水利"微信公众号全过程跟踪珠江 "22.6" 特大洪水防御过程，发布了多次编号洪水、应急响应启动等快讯报道，重点做好李国英部长深入大藤峡水利枢纽现场、北江现场指挥调度防御工作的图文报道，发布了《李国英赴大藤峡水利枢纽现场指挥调度珠江流域防汛工作》《李国英赴珠江流域北江现场指挥调度防御工作》《水利部副部长刘伟平：有力应对今年偏重汛情》《复盘珠江流域史上罕见洪水 "车轮战"》《一线直击　看广东水利人如何全力应对大洪水》《战！珠江流域迎战 "22.6" 洪水全纪录》等一系列图文、视频推送（图 9-8）。

广东省水利厅网站、微信公众号先后发布《李希督导检查防汛救灾工作》《李国英赴珠江流域北江现场指挥调度防御工作》《广东水利防汛应急响应提升至Ⅰ级！》等报道，制作《"迅"速行动——广东水利科学调度，全力以赴》《站！站！站！》等

图 9-8 大藤峡水利枢纽迎战西江 4 号洪水

图文推送。广西壮族自治区水利厅网站、微信公众号及时转载发布《刘宁就防御西江 2022 年第 3 号洪水作出批示提出要求》《蓝天立陪同国家防总工作组在柳州 检查指导珠江流域防汛抗洪工作》等报道，刊发《广西全力防御西江中下游洪水》，并全文转载广西防汛救灾工作新闻发布会，第一时间向社会公众传递防汛救灾最新信息。

中央、地方主流媒体持续跟踪珠江"22.6"特大洪水防御工作，根据各级水利部门提供的权威信息，准确发布暴雨洪水、山洪灾害等气象预警和风险提示，为相关部门和人民群众采取有效防范措施提供科学依据。人民日报、新华社、中央广播电视总台、光明日报、中新社、南方日报、羊城晚报、广东广播电视台、澎湃新闻等媒体发布了《今年我国大江大河首次发生编号洪水西江发生 2022 年第 1 号》《武宣水文站流量涨至 25200 立方米每秒 西江发生 2022 年第 2 号洪水》《珠江流域Ⅲ级应急响应生效 西江、韩江相继发生编号洪水》《珠江流域北江将发生特大洪水，防汛应急响应提升至Ⅰ级》《珠江流域连日暴雨 117 条河流发生超警洪水》《珠江流域再现流域性较大洪水 梧州站水位超警戒水位 2.45 米》《24 条河流水位超警 珠江流域北江发生第 3 号洪水》等百余篇报道。通过电视、广播、报纸等传统媒体和微信、微博、短视频等新媒体，深层次、全方位做好珠江流域洪水防御宣传工作。

中央广播电视总台高度关注珠江流域汛情发展，紧盯防汛形势和水利工作部署，第一时间播出水情预测预报、应急响应启动、工作组派出等权威信息。珠江委紧密协作，及时提供新闻线索和素材，协助做好电视、广播、新媒体等报道。央视相继播出《水利部 珠江流域西江发生 2022 年第 1 号洪水》《水利部珠江委 受强降雨影响 西江流域将有较大洪水》《水利部珠江委将水旱灾害防御应急响应提升至Ⅲ级》《水利部珠江委 珠江流域可能发生流域性大洪水》《西江、北江同时发生编号洪水 珠江流域再次发生流域性较大洪水》《珠江防总启动防汛Ⅱ级应急响应》《珠江防总 昨 22 时将防汛Ⅱ级应急响应提升至Ⅰ级》等新闻，在新闻 30 分、新闻直播间、朝闻天下、午夜新闻、第一时间、东方时空等节目滚动播出。在防御韩江第 1 号洪水期间，央视驻广东记者站记者跟随水利部广东工作组深入防汛一线，现场拍摄韩江汛情实况，采访报道水利工程调度效益，播出《广东　韩江洪水出峰回落　科学调度保防洪安全》《南方强降雨持续　防汛有序开展》《关注南方强降雨　珠江防总启动防汛Ⅱ级应急响应》等新闻通讯（图 9-9、图 9-10）。

图 9-9　中央广播电视总台新闻报道

图 9-10　中央广播电视总台高度关注珠江流域汛情发展

　　广东卫视、广东新闻频道等地方媒体详细报道了流域雨水汛情、水库调度成效以及一线先进典型，播发了《龙舟水何时休？珠江流域发生流域性较大洪水　33 条河流水位超警》《珠江流域 33 条河流水位超警　强降水或将持续到 21 号》《广东：受持续性降雨影响　33 条河流水位超警》《广东：防汛一线党旗飘　干群齐心迎战"龙舟水"》等报道。南方日报跟踪发布珠江委防御工作部署，南方+新媒体平台持续滚动报道雨水汛情，并围绕珠江三角洲天文大潮的形成、影响，及时发布《珠江潮位全面超警！你对天文大潮了解多少！》报道，提醒公众注意安全（图 9-11）。

图 9-11　广东卫视等地方媒体高度关注珠江流域防汛工作

第五节　创新方式深化融合传播

6 月 20 日，珠江防总启动防汛 Ⅱ 级应急响应后，中国水利报社立即派出记者分赴广西、广东防汛一线开展宣传报道，重点围绕水利人奋战一线、珠江水旱灾害防御"四预"平台、大藤峡工程"王牌"作用，推出"一线直击"图文报道、短视频、科普解读等大量融媒体产品。珠江委积极配合采访报道工作，协调做好选题策划、素材提供、采访沟通等，不断提升融媒体宣传的影响力和传播力。

6 月 20 日，中国水利报社记者深入珠江委采访，并夜访珠江防总值班室，深切感受到防汛 Ⅱ 级应急后的紧张工作氛围，雨情、水情、汛情瞬息万变，防汛值班室、会商室、水情中心接连不断的电话声、讨论声此起彼伏……报社记者争分夺秒，以眼代笔、以情述文，用温暖的笔触，连夜写下了《不眠之夜的坚守——防汛 Ⅱ 级应急响应启动后珠江委防汛值守见闻》（图 9-12）在中国水利报头版刊发，记录下了奋斗在防汛一线的水利人的"十二时辰"。

6 月 21 日 22 时，珠江防总将防汛 Ⅱ 级应急响应提升为 Ⅰ 级，防汛形势陡然升级。中国水利报社记者深入水情预报中心和南沙水文监测一线，探访"守更人"和"追峰人"的战斗日常。水情预报人员每日 24 小时的值班值守、水文监测人员连续一周的船上作业，每一组水位、流量、雨量等数据有力支撑了一场场精准科学的防汛战役。记者用细腻的笔触写下了《珠江防汛抗洪的水文力量》，用真实的镜头记录了《尖兵出动！走进珠江水文应急监测》，充分将珠江水文人与洪水竞速、与时间赛跑，

■ 本报记者防汛抗洪一线直击

不眠之夜的坚守

——防汛Ⅱ级应急响应启动后珠江委防汛值守见闻

□本报记者　杨轶　吴怡蓉　张媛
　通讯员　黄丽婷

暴雨、大暴雨……雨情紧急，珠江流域西江、北江再迎编号洪水；洪水黄色预警、洪水橙色预警……汛情凶猛，珠江流域再次发生流域性较大洪水。

6月20日12时，珠江防汛抗旱总指挥部启动防汛Ⅱ级应急响应，水利部珠江水利委员会同步启动水旱灾害防御Ⅱ级应急响应。雨情、汛情牵动着每一个人的神经。

在细密的雨丝中，记者走进珠江委办公楼。电梯到达15楼水旱灾害防御处，楼道里每个人都脚步匆匆。会商室里，工作人员正在热烈地讨论调度方案。

12时，珠江委办公楼。Ⅱ级应急响应启动后，"战斗"状态全面升级，增加值守人员、加密会商研判、加强监测预警、滚动预测预报、优化工程调度……密切与防汛相关部处单位的联系，各个环节高效运转、各项部署落实落细。与此同时，由珠江委副主任李春贤、易越涛分别担任组长的广东、广西工作组迅速集结，第一时间赶赴飞来峡库区、大藤峡水利枢纽指导防汛抗洪工作。

15时，水情预报中心、珠江调度中心等地。水文局水情技术人员正通过洪水预报调度系统，紧盯西江、北江洪水过程、研判雨情形势，加密监测预报预警，滚动预报西江干支流及北江重要断面的水位、流量过程；珠江水利科学研究院智慧所运用"四预"平台，利用多尺度数字化场景，反复预演洪水洪量、洪峰变化过程，分析研判超警超限情况；珠江设计公司聚焦流域洪水形势和水库调度情况，结合水情预报，科学制定水库调度方案。

17时，防汛会商室。珠江委正组织召开今天的第三次会商。"我们要坚决贯彻落实李国英部长在流域防汛现场指挥调度时的讲话要求，立足流域全局，强化预报预警预演预案措施，精确计算洪水演进、洪峰流量等数据，科学精细实施流域水库群联合调度。"珠江防总常务副总指挥、珠江委主任王宝恩对防汛工作进行再部署再落实。他强调，要充分发挥珠江水旱灾害"四预"平台优势，打好水库调度"组合拳"，最大限度拦洪、削峰、错峰，有效减轻下游防洪压力。

（下转第二版）

图 9 - 12　中国水利报刊发《不眠之夜的坚守——防汛Ⅱ级应急响应启动后珠江委防汛值守见闻》

发挥防汛抗洪"决策参谋""耳目尖兵"的作用淋漓尽致地表现出来。

每一场惊心动魄的洪水，都是一场防汛大考。2022年5月，水旱灾害防御"四预"平台正式投入使用。有了科技力量的加持，面对两次流域性较大洪水的考验，珠江流域防汛工作更有底气。中国水利报社记者与珠科院、技术中心及珠江设计公司等研发团队开展细致深入的交流，挖掘水旱灾害防御"四预"平台的成效以及背后的"智囊团"的攻坚克难，写下了《珠江流域防汛抗洪的科技力量》（图 9 - 13），全面展现新时代数字孪生技术在防汛抗洪中的重要作用。

■ 本报记者防汛抗旱一线直击

珠江流域防汛抗洪的科技力量

□本报记者　杨轶　吴怡蓉　张媛
　通讯员　黄丽婷

江河安澜、人民安居离不开科技力量。防汛"四预"平台正是今年珠江流域防御大洪水不可小觑的"科技武器"。

去年11月，水利部珠江水利委员会研发了抗旱"四预"平台，在应对东江和韩江流域60年最严重干旱中立下了汗马功劳；今年5月，防汛"四预"平台投入使用。有了科技力量的加持，面对两次流域性较大洪水的考验，珠江流域防汛工作更有底气。

应用至上 全力应对防汛大考

"要以时不我待的紧迫感、责任感、使命感，攻坚克难、扎实工作，大力推进数字孪生流域建设，积极推动新阶段水利高质量发展。"在去年年底水利部召开的推进数字孪生流域建设工作会议上，水利部党组书记、部长李国英强调。

5月以来，一场场洪水接踵而至。李国英部长在会商部署暴雨洪水防御工作时强调，要进一步强化"四预"措施，针对"四个链条"，精准管控洪水防御的全过程、各环节，确保防洪安全。

具有预报、预警、预演、预案功能的防汛"四预"平台，不仅是数字孪生流域建设的重要环节，也是实现洪水过程精细化调度的"王牌"。

"平台汇集并实时呈现水文、水情数据信息。我们可以在平台调用模型库、模型平台，快速完成预报调度方案生成、比选和推荐，最后完成预报、预警、预演、预案内容。"

（下转第二版）

图 9 - 13　中国水利报刊发《珠江流域防汛抗洪的科技力量》

为充分展现大藤峡水利枢纽作为防洪控制性工程的关键作用，中国水利报社记者深入大藤峡公司采访，围绕在阻击西江第4号洪水中大藤峡工程发挥的流域防洪“王牌”作用，在中国水利报头版刊发《用好“王牌”水库　阻击4号洪水——大藤峡水利枢纽精准拦洪削峰》（图9-14），在中国水事新媒体平台发布短视频《“王牌”出战！拦蓄西江洪水7亿立方米》，以人物和故事生动还原大藤峡工程抵御洪水过程，全面宣传大藤峡工程的重要作用。

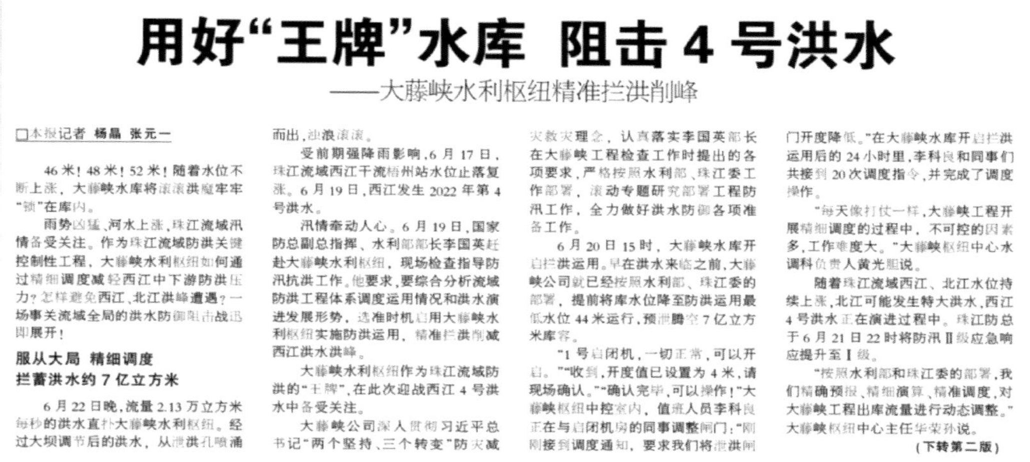

用好“王牌”水库　阻击4号洪水

——大藤峡水利枢纽精准拦洪削峰

□本报记者　杨晶　张元一

46米！48米！52米！随着水位不断上涨，大藤峡水库将滚滚洪魔牢牢“锁”在库内。

雨势凶猛、河水上涨，珠江流域汛情备受关注。作为珠江流域防洪关键控制性工程，大藤峡水利枢纽如何通过精细调度减轻西江中下游防洪压力？怎样避免西江、北江洪峰遭遇？一场事关流域全局的洪水防御阻击战迅即展开！

服从大局　精细调度
拦蓄洪水约7亿立方米

6月22日晚，流量2.13万立方米每秒的洪水直扑大藤峡水利枢纽。经过大坝调节后的洪水，从泄洪孔喷涌而出，浊浪滚滚。

受前期强降雨影响，6月17日，珠江流域西江干流梧州站水位止落复涨。6月19日，西江发生2022年第4号洪水。

汛情牵动人心。6月19日，国家防总副总指挥、水利部部长李国英赶赴大藤峡水利枢纽，现场检查指导防汛抗洪工作。他要求，要综合分析流域防洪工程体系调度运用情况和洪水演进发展形势，选准时机启用大藤峡水利枢纽实施防洪运用，精准拦洪削减西江洪水洪峰。

大藤峡水利枢纽作为珠江流域防洪的“王牌”，在此次迎战西江4号洪水中备受关注。

大藤峡公司深入贯彻习近平总书记“两个坚持、三个转变”防灾减灾救灾理念，认真落实李国英部长在大藤峡工程检查工作时提出的各项要求，严格按照水利部、珠江委工作部署，滚动专题研究部署工程防汛工作，全力做好洪水防御各项准备工作。

6月20日15时，大藤峡水库开启拦洪运用。早在洪水来临之前，大藤峡公司就已经按照水利部、珠江委的部署，提前将库水位降至防洪运用最低水位44米运行，预泄腾空7亿立方米库容。

“1号启闭机，一切正常，可以开启。”“收到，开度值已设置为4米，请现场确认。”“确认完毕，可以操作！”大藤峡枢纽中控室内，值班人员李科良正在与启闭机房的同事调整闸门：“刚刚接到调度通知，要求我们将泄洪闸门开度降低。”在大藤峡水库开启拦洪运用后的24小时里，李科良和同事们共接到20次调度指令，并完成了调度操作。

“每天像打仗一样，大藤峡工程开展精细调度的过程中，不可控的因素多，工作难度大。”大藤峡枢纽中心水调科负责人黄光胆说。

随着珠江流域西江、北江水位持续上涨，北江可能发生特大洪水，西江4号洪水正在演进过程中。珠江防总于6月21日22时将防汛Ⅱ级应急响应提升至Ⅰ级。

“按照水利部和珠江委的部署，我们精确预报、精细演算、精准调度，对大藤峡工程出库流量进行动态调整。”大藤峡枢纽中心主任华荣孙说。

（下转第二版）

图9-14　中国水利报头版刊发《用好“王牌”水库　阻击4号洪水——大藤峡水利枢纽精准拦洪削峰》

与此同时，中国水利报社记者还赶赴广西、广东两省（自治区）梧州、清远等防汛一线，深入挖掘流域防洪工程体系发挥的防灾减灾作用以及在防汛抗洪过程中运用的先进技术和感人事迹。在中国水利报推出《广西水利人：不辱使命御大汛》《广西水文：当好“耳目尖兵”　守护八桂安澜》《广西打好防洪工程调度“四张牌”》《广东水利部门全力防御北江洪水》等宣传报道，并策划制作了短视频《深夜探访西江防洪堤防》，展现基层防汛人员的“硬核担当”。

李国英部长提出“四个链条”精准管控洪水要求后，“四个链条”成为热词。珠江委与中国水利报抢抓热点话题，推出专家访谈、科普文章，多角度探究“四个链条”的做法成效。专家访谈《立足珠江流域防汛实践　抓细抓实“四个链条”——专家谈精准管控洪水防御全过程各环节》，系统阐释珠江委抓实抓细“四个链条”各环节的经验做法和下一步工作举措。水利科普《“三江汇流、八口入海”的珠江流域洪水》，围绕洪水的形成、演进特点、洪水预报预演难点、“四预”平台发挥的作用等，图文并茂向社会公众开展防汛科普知识宣传。

珠江委水文局、珠科院、珠江设计公司、右江水利公司、大藤峡公司紧紧围绕工

作实际，明确宣传重点，挖掘典型经验，展现亮点成效，策划推出《风雨到来时　洪水知多少》《战洪魔　保民生 | 珠江水旱灾害防御"四预"平台》《强支撑闻汛而动　践使命向险而行！珠江设计公司防汛支援工作纪实》《珠江流域防洪"王牌"——大藤峡水利枢纽迎战西江 4 号洪水收到媒体广泛关注》等图文报道。水文局重点展示水情监测预报预警、洪水预报作业等方面的做法成效；珠科院主要讲述珠江水旱灾害防御"四预"平台的开发和现代化科技手段的应用；珠江设计公司侧重展现精益求精制定流域水库群联合调度方案；大藤峡公司重点围绕大藤峡工程发挥的防洪调度效益进行广泛宣传报道。

在迎战珠江"22.6"特大洪水防御工作中，水利部、珠江委和广西、广东等省（自治区）各级水利部门全力做好防汛抗洪舆论引导工作，积极协调配合中央和地方主流媒体加大防汛抗洪正面宣传报道力度，着力反映流域上下团结一心、合力抗洪的显著成效，深入宣传珠江"22.6"特大洪水防御的巨大成效和涌现的先进典型，生动展现了水利人"召之即来、来之能战、战之必胜"的使命担当，充分彰显了"人民至上、生命至上"理念，构筑起强信心、暖人心、聚民心的"精神长城"（图 9-16）。

图 9-15　珠江委一线人员提供技术保障

一篇篇报道、一幅幅图文、一个个故事，定格了无数感人瞬间，让每一个连夜值班值守、追风逐雨洪峰测流、下足"绣花功夫"开展水库调度的水利人感到由衷的温暖与欣慰。岁月静好的背后，是无数水利人风雨逆行，冲锋在前，为守护珠江安澜和人民幸福筑起的一道道坚固防线，交出了一份跨越时代、闪耀抗洪精神的珠江答卷。

图 9-16　6月22日0时，珠江委防御处贾文豪在迎战北江
特大洪水中迎来终生难忘的 28 岁生日

第十章

共护珠江安澜
珠江"22.6"特大洪水防御取得全面胜利

面对突如其来的珠江"22.6"特大洪水，各级各部门认真贯彻落实习近平总书记关于防汛救灾的重要指示精神和李克强总理的批示要求，牢记"国之大者"，坚持人民至上、生命至上，牢固树立底线思维、积极思维，始终保持"时时放心不下"的责任感，以空前的重视和力度，投入这场防汛抗洪的战斗中。水利部和广东、广西、福建等省（自治区）党委、政府领导干部身先士卒、靠前指挥、科学决策，珠江防总、珠江委及广东、广西、福建等省（自治区）防指、水利等部门密切配合、协同作战、科学调度，各有关地市和部门主动投入防汛抗洪抢险，广大党员干部和群众万众一心、众志成城，军民携手筑牢防汛抗洪的"铜墙铁壁"。通过精细调度流域干支流 40 余座水工程，科学拦洪、分洪、滞洪，有效减轻了西江、北江和韩江下游防洪压力，将西江、北江和韩江洪水量级均控制在西江、北江及珠江三角洲、韩江的主要堤防防洪标准以内，避免 551 个城镇受淹，避免转移 346.36 万人次，减淹耕地 592.5 万亩，减少受灾人口 126.21 万人，避免转移 366.96 万人，减淹耕地 145.26 千 hm^2。通过各方共同努力，珠江"22.6"特大洪水未造成人员伤亡，水库无一垮坝，重要堤防无一决口，重要基础设施无一受损，确保了西江、北江干堤等重要堤防安全，确保了粤港澳大湾区城市群安全，同时在确保防洪安全的前提下，最大限度发挥了发电、航运等综合效益，为维持稳住宏观经济大盘和营造国泰民安的社会环境做出了突出贡献。

面对超百年一遇的特大洪水，珠江流域防住了！

第一节　防洪调度减灾成效

一、西江水工程调度减灾成效

2022 年 6 月前后，受持续强降雨影响，西江接连发生编号洪水，西江中下游近一个月行洪流量均在 20000m^3/s 以上，西江控制站梧州水文站持续超警约半个月，沿线堤防面临严峻考验，沿线低洼地区人员面临较大风险，西江洪水与北江洪水在珠江三角洲遭遇后，洪峰流量可能超过珠江三角洲重要堤围设计流量，将对广州、佛山、中山等粤港澳大湾区城市防洪安全造成威胁。

通过西江中上游水库群联合调度，西江第 1 号洪水期间，共计拦蓄洪量 38.5 亿 m^3，全线削减西江干流各控制站洪峰流量 4800 m^3/s 以上，平均降低水位 1.20m；西江第 2 号洪水期间，共计拦蓄洪量 19.59 亿 m^3，削减西江干流梧州洪峰 5000m^3/s 以上，降低水位 1.50m；西江第 3 号洪水期间，共计拦蓄洪量 10.5 亿 m^3，削减西江干流梧州洪峰 2500m^3/s 以上，降低水位 0.90m；西江第 4 号洪水期间，共计拦蓄洪量 38 亿 m³，削减梧州站洪峰 6000m³/s，降低梧州河段水位 1.80m，有效减轻了西江中下游沿线防洪压力。

同时，西江水库群优化调度后，将西江下游洪峰出现时间延后了 38 小时，避免了西江、北江洪水恶劣遭遇，避免了西北江洪峰遭遇；西北江水库联合调度后，削减思贤滘洪峰流量 6200m³/s，降低珠江三角洲西干流水位 0.40m，降低珠江三角洲北干流水位 0.33m，思贤滘断面流量"北过西"现象明显，增加北江过西江流量 800m³/s，为北江洪水宣泄提供了空间和时间，同时将珠江三角洲洪水全线削减到堤防防洪标准以内，确保了流域、粤港澳大湾区和重要基础设施防洪安全。

二、北江水工程调度减灾成效

北江接连发生 3 次编号洪水，北江第 2 号洪水发展为超 100 年一遇特大洪水，若不实施水工程联合调度，韶关、清远，北江大堤流量将超过堤防设计流量，广州、清远、佛山等地防洪安全受到严重威胁；北江第 3 号洪水发生时，潖江蓄滞洪区分洪后部分堤围尚未修复完成，蓄滞洪区内人员需要紧急转移避险。

通过北江干支流水工程联合调度，北江第 1 号洪水期间，干支流水库群共计拦蓄洪量 2.48 亿 m³，削减北江干流石角洪峰 200m³/s，降低水位 0.10m；北江第 2 号洪水期间，干支流水库群共计拦蓄洪量 9.22 亿 m³，潖江蓄滞洪区滞洪 3.08 亿 m³，通过北江水工程联合调度，削减韶关站洪峰流量 1020 m³/s，降低水位 0.83m；削减北江干流石角洪峰 2200m³/s 以上，降低水位 0.84m；通过精细调度飞来峡水库，确保了下游防洪安全，确保了库区英德主城区安全，成功将北江石角站洪峰控制在北江大堤安全泄量以下，确保了防洪安全。通过计算分析，经水库调度，北江沿线韶关、清远等地洪水淹没面积减小了 18.75%，韶关市减少受淹面积 4.71km²，减少受影响人口 2300 人，减少经济损失 1.6 亿元；清远市受淹面积减少 49.75km²，减少受影响人口 5.9 万人，经济损失减少 4.43 亿元。其中英德市减少受淹面积 12.78km²，减少受影响人口 3.6 万人，减少经济损失 2.256 亿元。北江第 3 号洪水期间，干支流水库群共计拦蓄洪量 4.88 亿 m³，削减北江干流石角洪峰 1100m³/s 以上，降低水位 0.48m。通过联合调度，有效减轻了下游潖江滞洪区防洪压力，为滞洪区人员转移争取了宝贵时间，同时也保障了飞来峡库区防洪安全。

三、局部区域调度减灾成效

（一）贺江防洪调度减灾成效

珠江"22.6"特大洪水防御关键期，贺江发生超标准洪水，严重威胁下游南丰镇、江口街道的低洼地区人民生命财产安全。通过及时调度上游广西龟石、合面狮水库拦蓄洪量 2 亿 m³，削减下游肇庆市南丰镇洪峰流量 1600m³/s，削峰率 34%，降低南丰镇洪峰水位 2.80m，减少下游南丰镇、江口街道 1.5 万名群众紧急转移任务。调度后，贺江中下游地区洪水淹没面积减少了 1.34km²，减小了 32％；减少淹没耕地 30.2hm²，减少经济损失 1457 万元，最大限度减轻了灾害影响，确保了人民群众的生命安全。

（二）韩江防洪调度减灾成效

韩江第 1 号洪水期间，韩江棉花滩水库拦蓄洪量 2.87 亿 m³，削减韩江溪口站洪峰流量 2140m³/s，降低水位 3.40m，与天然情况下的淹没范围相比，水工程调度后茶阳镇洪水减少淹没面积 0.98km²，淹没面积减小了 64％，减少淹没耕地 82hm²，减淹人口 100 人，减少经济损失 480 万元。充分发挥了棉花滩拦洪削峰作用，减轻了下游大埔县茶阳镇防洪压力，减少了低洼地区淹没范围，最大限度降低了灾害损失。

四、与典型历史洪水灾情对比分析

珠江流域历史上曾发生多起流域性大洪水，造成流域严重灾情。如 1915 年乙卯水灾，西江、北江特大洪水同时遭遇，并与东江大洪水同时进入珠江三角洲，广西、广东受灾人口达 600 万，受灾农田面积达 94.7 万 hm²。三江洪水在珠江三角洲遭遇，叠加朔望大潮，使珠江三角洲遭受空前严重水灾，三角洲受淹农田 648 万亩，受灾人口 379 万人，广州市被淹 7 天之久，死伤 10 万余人。"1994.6" 特大洪水造成流域近 1800 万人受灾，276.30 万人被洪水围困，紧急转移 181.17 万人，有 139 个城镇受淹，损坏房屋 114.4 万间，其中倒塌 68 万间，直接经济损失 282.44 亿元。"1998.6" 特大洪水造成流域 1556 万人受灾，倒塌房屋 10.949 万间，损坏水库 139 座，2 座小型水库垮坝，直接经济总损失 160.60 亿元。"2005.6" 特大洪水共造成广东、广西 1262.78 万人受灾，受淹城市 18 个，倒塌房屋 24.84 万间，农作物受灾面积 983.73 万亩，成灾面积 612.93 万亩，直接经济损失 135.95 亿元。

本次珠江 "22.6" 特大洪水，据水利部门洪涝灾情初步统计，5 月下旬至 7 月上旬的 8 场洪水，造成流域内广东、广西、福建三省（自治区）97 个县（市、区）871 个乡（镇、街道）214.03 万人受灾，农作物受灾 102.14 千 hm²，直接经济损失 125.63 亿元。其中，6 月 16—22 日的北江特大洪水，造成广东省 21 个县（市、区）269 个乡（镇、街道）84.5 万人受灾，农作物受灾面积 18.6 千 hm²，紧急转移 11.1 万人，直接经济损失 61.2 亿元。

从灾害损失看，本次珠江 "22.6" 特大洪水流域受灾人口 214.03 万人，远低于历史 "94.6" 特大洪水、"98.6" 特大洪水、"2005.6" 特大洪水的受灾人口，且本次洪水未造成人员伤亡，水库未垮坝，重要堤防未发生决口，珠三角重点城市群经济社会发展未受到严重冲击，防御工作取得明显成效。从灾情评估角度，根据《洪涝灾情评估标准》（SL 579—2012）的洪涝灾害等级评估方法，历史"94.6"特大洪水、"98.6"特大洪水、"2005.6"特大洪水造成死亡人口超过 100 人，认定为"特别重大洪涝灾害"，而本次珠江"22.6"特大洪水，根据评估方法综合各类灾情指标判定为"一般洪涝灾害"。

第二节　洪水资源综合利用

一、增加蓄水，为枯水期水量调度储备水源

近年来，枯季受上游来水偏枯、河道地形变化加剧等因素影响，珠江河口咸潮上溯明显增强，咸潮对城市供水的影响更为严重。随着社会经济发展，城市用水量不断增长，枯季现有供水系统的取淡蓄淡能力不足，致使澳门、珠海等珠江三角洲地区 1500 多万居民的饮水安全受到极大威胁，严重影响该地区人民群众的生活和社会稳定。2005 年以来，在水利部的统一领导下，珠江防总、珠江委坚持以科学发展观为统领，以人为本，积极践行可持续发展治水新思路，大力推进民生水利，继 2005 年、2006 年两次成功组织实施珠江压咸补淡应急调水后，又成功组织实施了 2006—2007 年珠江骨干水库调度和 2007—2021 年共 18 次珠江枯季水量调度，一次次化解了各种矛盾和挑战，确保了澳门、珠海等珠江三角洲地区的供水安全。

防御珠江"22.6"特大洪水期间，在确保防洪安全的前提下，通过调度西江、北江水库群有计划拦洪蓄洪，最大限度储备水资源。截至 8 月 1 日，龙滩、天生桥一级、百色、大藤峡等干支流大型水库总蓄水量 222.50 亿 m^3，有效蓄水量 119.33 亿 m^3。根据水情预报，珠江流域 2022—2023 年枯季来水偏少 2 成左右，珠江三角洲枯水期供水形势不容乐观，在后期来水偏少的情况下，通过汛期有计划地拦洪蓄洪，为枯水期流域供水、航运和生态用水储备了充足水源。

二、增加发电，支撑保障流域经济社会发展大局

2021—2022 年珠江流域供电形势持续偏紧，其中 2021 年受流域来水整体偏少 4 成的影响，珠江流域广西壮族自治区电力供应严重不足，较往年减少了 300 万 kW 左右，造成电力供应紧张；2022 年，随着国家各项稳增长政策措施效果的显现，以及夏季我国中东部大部气温持续偏高，流域部分用电高峰时段电力供需平衡偏紧。

珠江流域红水河梯级龙滩、岩滩、大化、百龙滩等，以及大藤峡、长洲水利枢纽等梯级是南方电网骨干电源，承担调峰、调频、事故备用等重要任务，在流域电力供

应中发挥着重要作用。珠江"22.6"特大洪水期间，在确保防洪安全的前提下，通过科学调度水库群有计划地拦洪蓄洪，大大增加了干支流库群发电水头和发电量，据分析，红水河梯级龙滩、岩滩、大化、乐滩、百龙滩及大藤峡、长洲水利枢纽增加发电量约 10.48 亿 kW·h，为稳住经济大盘作出了突出的贡献。

三、联合调度保障航运畅通

西江航运干线由郁江、浔江、西江、珠江组成，西起南宁、东至广州，全长854km，作为我国水运主通道的"一横"，是我国现代综合交通运输体系的重要组成部分。2021 年以来，随着珠江水运西江航运干线扩能升级、贵港二线船闸、贵港至梧州 3000t 级航道整治工程等一批重点工程建成使用，西江航道通航条件得到了显著改善，珠江水运大通道作用进一步凸显。

防御珠江"22.6"特大洪水期间，珠江委坚持系统思维，通过推动跨部门、跨区域协同作战与密切配合，动态掌握航运需求，并及时向相关航运部门通报汛情变化和调度信息，推动保障航运安全各项工作衔接有序、顺畅，确保了通航枢纽大坝防洪安全、通航设施运行和船舶过坝安全，提高了船舶通航效率，切实保障了通航安全。

第三节　社会反响

在迎战珠江"22.6"特大洪水过程中，水利部、珠江委和广东、广西等省（自治区）各级水利部门牢记天职、担当作为、顽强拼搏、敢打硬仗，抓细抓实各项防汛抗洪措施，加强正面宣传和舆论引导，针对舆论关注的热点焦点问题主动发声、权威发声，及时回应社会关切。洪水防御取得的显著成效引起了强烈的社会反响和广泛好评，中央和地方主流媒体持续开展防汛正面宣传报道，社会公众纷纷留言点赞，流域相关省（自治区）党委、政府向珠江委发来感谢信，传递正能量，弘扬主旋律，唱响了共护珠江安澜的赞歌。

虽然遭遇暴雨洪水的密集"洗礼"，但珠江流域真正实现了"大汛无大灾"，百姓民众"遇洪不惊"。而"遇洪不惊"的背后，得益于公开透明的防汛宣传信息给予的信任感和安全感。截至 7 月中旬，共监测到涉及"珠江流域现多次编号洪水"报道转载共 48.05 万篇（条），其中微博 350683 条、客户端 54613 条、网媒 36519 条、微信27366 条、视频 9139 条、纸媒 988 条、论坛 717 条、其他 457 篇。舆情信息显示，人民日报、新华社、央视新闻、人民网、中新网等中央主要媒体、重点新闻网站及地方主流媒体及时发布雨水汛情、防汛举措等重要信息，进行全方位、多角度的正面报道，第一时间传递非常时刻众志成城的满满正能量，为防汛抗洪工作营造了良好的舆论氛围。

权威信息发布有"速度"，媒体受众互动有"温度"……一系列"第一时间"发声、"第一时间"解读，让珠江流域广大群众坚定了信心，在洪灾面前能从容应对，营造了防汛抗洪全民参与的良好氛围。广大社会公众纷纷在网站、微信等平台留言表达感谢和敬意。"感谢一线防汛人员！你们辛苦了！""向防汛抢险人员致敬！""致敬！坚守防汛岗位的工作者们！"………

广东省委省政府，以及清远市、韶关市、肇庆市等地方党委政府也纷纷向珠江委发来感谢信。广东省委省政府在信中表示，珠江委第一时间组织全流域水工程联合调度，及时指令广西等省（自治区）采取拦洪错峰等积极措施，有效减轻防洪压力，将灾害损失降到了最低。韶关市在信中提及，珠江委多次调度指挥，第一时间指导防汛救灾工作。肇庆市在信中指出，珠江委坚决扛起流域防汛总指挥的重大职责，及时采取强有力措施，科学调度骨干水库，有效避免了封开县江口街道和南丰镇严重受淹。清远市在信中感谢道："珠江委以高效的组织调度、丰富的实战经验、过硬的专业技术，帮助我们在最短的时间内排空积水淤泥、恢复环境秩序，以实际行动践行人民至上的理念……"

珠江"22.6"特大洪水防御工作取得全面胜利，展现了全社会合力抗洪的壮丽画卷，弘扬了"万众一心、众志成城，不怕困难、顽强拼搏，坚韧不拔、敢于胜利"的伟大抗洪精神。在新的伟大征程上，珠江水利人将一如既往坚持"人民至上、生命至上"的理念，弘扬抗洪精神，全力以赴做好防汛抗洪工作，用实际行动践行初心使命，确保江河安澜、人民安宁。

第十一章

启 示 和 思 考

防洪救灾关系人民生命财产安全，关系粮食安全、经济安全、社会安全、国家安全，做好防汛救灾工作十分重要。面对珠江流域连续发生编号洪水和突如其来的北江特大洪水，按照党中央、国务院的决策部署，在水利部的正确领导下，珠江防总、珠江委与有关省（自治区）以空前的重视和力度，坚持人民至上、生命至上，密切配合、协同作战、科学调度，带领全流域上下一心、众志成城，防大汛、抗大险、救大灾，打赢了特大洪水保卫战，取得了防御珠江"22.6"特大洪水的全面胜利。

第一节　经验启示

浩浩珠江水，家国万里情，迎战珠江"22.6"特大洪水的波澜历程，是流域广大防汛工作者以满腔的家国情怀、卓绝的智慧本领和无尽的汗水泪水共同书写的壮丽诗篇。回顾不平凡的历程，胜利来之不易，经验启示弥足珍贵。

一、社会主义制度优势，是战胜珠江"22.6"特大洪水的根本保证

习近平总书记指出："我们最大的优势是我国社会主义制度能够集中力量办大事。这是我们成就事业的重要法宝。"迎战珠江"22.6"特大洪水中，在党的统一领导下，充分展现了我国特色社会主义制度强大的政治领导力、社会号召力、群众组织力和工作执行力，凝聚了各方面的防灾、减灾、救灾的强大合力，彰显了中国力量、中国精神、中国效率，为打赢珠江"22.6"特大洪水防御战提供了根本保证。

党和国家坚强领导。党的十八大以来，党中央、国务院对防汛抗旱救灾作出一系列重大决策部署，习近平总书记提出"两个坚持、三个转变"防灾减灾救灾理念，为全面做好防汛抗洪工作指明了方向、提供了遵循。2022年汛期，习近平总书记在四川调研时专门就防汛救灾工作作出重要指示，强调各有关地区和部门要立足于防大汛、抗大险、救大灾，提前做好各种应急准备，全面提高灾害防御能力，切实保障人民群众生命财产安全。李克强总理两次主持召开国务院常务会议部署防汛救灾工作，并多次作出重要批示要求。胡春华副总理和王勇国务委员也多次就做好防汛救灾工作作出批示。正是在党和国家的坚强领导下，才能坚定必胜信念，万众一心，迅速团结最广泛的人民力量迎战洪水。

国家防总、水利部统一指挥。2022年汛前，国家防总、水利部对防汛抗旱工作作出全面部署，组织全国各地扎实开展迎汛备汛。在珠江"22.6"特大洪水防御中，国家防总、水利部全过程指挥部署，在防汛抗洪的关键时刻，国家防总总指挥、国务委员王勇亲临珠江流域指导防汛救灾工作，要求深入贯彻落实习近平总书记关于加强当前防汛救灾工作的重要指示精神，坚持以防为主、防抗救相结合，进一步强化

应急准备和抢险救灾，全力防御暴雨洪水，严防次生灾害事故，最大限度保障人民群众生命财产安全；国家防总副总指挥、水利部部长李国英先后两次深入防汛一线，并多次主持专题会商部署，研究制定珠江洪水防御对策，提前谋划做好潖江蓄滞洪区的启用准备。国家防总、水利部的统一指挥为战胜特大洪水提供了科学的行动指南和实施路径。

各级党委、政府全面负责。广东、广西省（自治区）党委、政府坚决扛起防汛救灾主体责任，坚持党政同责、一岗双责。广东省委书记李希、省长王伟中，广西壮族自治区党委书记刘宁、自治区主席蓝天立等地方党政主要领导坐镇指挥、靠前指挥、掌控全局，领导组织各方面、调度各层级力量，带领各级部门和社会群众共同抗御洪水。地市各级党委、政府认真落实上级党委、政府决策部署，全力投入防汛抗洪抢险。在各级党委、政府的科学指挥、精心组织下，迎战珠江"22.6"特大洪水各项工作有力有序有效开展。

各级防指、部门落实责任。面对珠江"22.6"特大洪水，珠江防总、珠江委坚持贯彻落实水利部部署要求，珠江委党组第一时间发出通知，全委各级领导干部必须把防汛工作作为第一要务，暂停其他一切非紧急公务活动，随时待命投入防汛抗洪工作；珠江委纪检组发出通知，以严肃纪律压实防汛责任，确保召之即来、来之能战；在北江特大洪水防御最关键时刻，珠江防总、珠江委认真履行流域防汛抗旱组织、协调、监督、指导职责，及时向广东省政府领导同志提出有针对性的工作建议，指导地方防指、水利部门落实防御措施。广西、广东防指、水利等部门认真贯彻省（自治区）党委、政府决策部署，坚决落实各自防汛责任，形成"防"和"救"的紧密链条。

二、流域防洪工程体系，是战胜珠江"22.6"特大洪水的坚实基础

李国英部长曾指出，一个流域比较完善的防洪工程体系至少应包括三大组成部分，即河道堤防、干支流水库和分蓄滞洪工程。多年来，在水利部的坚强领导和流域相关省（自治区）的共同努力下，按照珠江流域综合规划和防洪规划确定的防洪工程总体布局，流域全力推进防洪工程建设，累计建成江海堤防 2.7 万多 km，各类水库 2 万余座，水闸 1.1 万余座，基本形成了以堤防工程为基础、水库调控以及潖江蓄滞洪区和分洪水道共同发挥作用的防洪工程体系，流域整体防洪能力得到显著提升，为打赢珠江"22.6"特大洪水防御战奠定了坚实的基础。

在防御珠江"22.6"特大洪水中，流域干支流堤防有效抵御历史罕见洪水。北江大堤成功抵御了洪峰流量 18500m^3/s 的 1915 年以来北江最大洪水，北江中上游英德段堤防成功抵御历史实测最高水位的洪峰，西江中下游堤防成功抵御了西江近一个月的 20000m^3/s 以上的大流量行洪，确保洪水安全宣泄。实践充分体现了堤防的重

要屏障作用。

在防御珠江"22.6"特大洪水中，流域干支流水库群拦洪、削峰、错峰。西江天生桥一级、龙滩、百色等上游水库最大限度拦蓄洪水，西江支流柳江落久、桂江青狮潭等水库群及北江支流锦江、南水、长湖等水库全力为干流错峰，西江大藤峡、北江飞来峡发挥控制性水利枢纽工程的关键作用，精准削减洪峰。水库工程对洪水的适时调节控制，使我们在抗洪斗争中掌握了关键的主动权。

在防御珠江"22.6"特大洪水中，流域分蓄滞洪工程择机有效分滞洪水。在北江特大洪水防御的关键时刻，李国英部长亲赴北江流域指导防汛工作，果断地指出要及时启用潖江蓄滞洪区蓄洪，运用芦苞闸、西南闸分洪，在充分发挥北江干支流水库群防洪作用的基础上，进一步减轻北江大堤及珠江三角洲的防洪压力。

成功应对珠江"22.6"特大洪水的实践，凸显了流域防洪工程体系的极端重要性，日益完善的防洪工程体系是流域防洪减灾的硬核力量，增加了抵御洪水的"筹码"，大大提升了流域水安全保障的能力和底气。

三、科学有效应对部署，是战胜珠江"22.6"特大洪水的关键所在

科学的工作方法是引领正向前进的关键所在，防汛抢险工作要争分夺秒、牵一发而动全身，指挥决策更应安全周密和果断及时。在珠江"22.6"特大洪水防御中，各级各部门运用科学的工作方法，坚持目标导向、问题导向、结果导向，坚持辩证思维、系统思维，牢牢抓住抗击特大洪水的关键环节，细化落实各项防御措施。

锚定防御目标。在珠江"22.6"特大洪水防御中，水利部认真贯彻落实习近平总书记关于防汛救灾工作的重要指示，坚持人民至上、生命至上，牢牢把握"确保人民群众生命安全"这一首要目标，坚决落实党中央"疫情要防住、经济要稳住、发展要安全"决策部署，结合珠江流域防洪保护目标，科学提出了"人员不伤亡、水库不垮坝，北江西江干堤不决口、珠江三角洲城市群不受淹"的防御目标，确保了各方力量精准目标、方向统一。珠江防总、珠江委和流域有关省（自治区）紧紧围绕珠江特大洪水防御的"四不"目标，全力以赴开展各项工作，牢牢守住防洪安全底线。

识别风险隐患。在珠江"22.6"特大洪水防御中，根据雨情、水情、工情不断变化和洪水演进，珠江防总、珠江委逐流域、逐区域、逐河段分析研判，从宏观、中观、微观三个层次分析研判存在的防汛风险隐患，进一步找准薄弱堤段、险工险段和洪水威胁区域，厘清蓄滞洪区启用时机和工程调度运行等风险。只有精准对象，才能精准确定防御重点，提前做好应对准备，有针对性地部署防御措施。

系统制定措施。在珠江"22.6"特大洪水防御中，李国英部长系统提出了"降雨—产流—汇流—演进、总量—洪峰—过程—调度、流域—干流—支流—断面、技术—料物—队伍—组织"这"四个链条"，要求精准管控洪水的全过程、各环节。珠江

防总、珠江委坚持系统思维，立足流域全局，制定流域水库群"五大兵团"联合作战的洪水应对策略。广西、广东两省（自治区）各级各部门系统制定巡查防守、险情抢护、人员转移避险等应对措施。实践证明，只有通过综合制定并实施一系列精准措施，才能最大限度减小洪水风险、减轻灾害损失，实现防御目标。

四、全面深化"四预"措施，是战胜珠江"22.6"特大洪水的有力支撑

珠江委及广东、广西水利部门坚持"预"字当先，将预报、预警、预演、预案"四预"措施贯穿洪水防御全过程，实现"防"的关口前移，确保了防御措施跑赢洪水发展速度，是夺取珠江"22.6"特大洪水防御工作主动权的重要支撑。

预报预警为指挥决策赢得宝贵时间。珠江委运用珠江水旱灾害防御"四预"平台，实时监控"雨水、水情、险情、灾情"，分析研判"降雨—产流—汇流—演进"过程，提前一周预报将发生编号洪水，提前48小时精准预报西江、北江重要控制断面的洪峰量级，为实施水工程联合调度提供了重要的决策依据。结合实时监控的雨情、水情和洪水预报成果，珠江委按照"预警信息直达防御一线"的要求，及时发布洪水预警，并督促提醒有关地方提前做好工程巡查防守、中小河洪水和山洪灾害防御工作，为危险区人员群众转移避险赢得宝贵时间。

预演预案为洪水防御提供科学依据。防汛关键期间，珠江委下足"绣花"功夫，利用珠江水旱灾害防御"四预"平台多方案滚动预演，"正向"预演出风险形势和影响，及时发现问题；"反向"推演水工程安全运行限制条件，制定和优化调度方案。根据不同预见期的降雨、来水预报成果，结合流域防汛形势，基于珠江水旱灾害防御"四预"平台的流域防洪数字化场景，精准分析西江、北江洪水总量、洪峰量级、洪水过程，多尺度多方案动态预演，按照"流域—干流—支流—断面"分析识别风险隐患，比选提出最优的调度预演方案。根据预演的成果，结合流域防御目标和防御重点，落实落细洪水防御对策。同时，从"技术—料物—队伍—组织"全链条上给予地方科学精准指导，有针对性地做好洪水防御。

实践证明，狠抓"四预"措施，能够为周密防范应对暴雨洪水争取"提前量"，留足人民群众避灾"预"的时间，能够随时拿出应对方案，使今天的"预演"成为明天的"实战"，确保牢牢掌握洪水防御的主动权。

五、强化流域统一调度，是战胜珠江"22.6"特大洪水的重要手段

流域性是江河湖泊最根本、最鲜明的特性，洪水产流汇流演进以流域为单元。这种特性决定了必须以流域为基础单元统一调度运用防洪工程体系，才能有效应对洪水。应对珠江"22.6"特大洪水，珠江委认真落实水利部关于强化流域治理管理的决策部署，坚持以流域为单元，系统统筹、科学精细调度流域干支流水工程，发挥防

洪工程体系关键作用，最大限度减轻流域防洪压力，并在确保流域防洪安全的前提下，兼顾发电、航运等各方效益，以坚实的水安全保障服务流域经济社会高质量发展。

流域统一调度，实现西江水库群"五大兵团"联合作战。珠江"22.6"特大洪水期间，北江特大洪水和西江第4号洪水同时发生，两江洪水向下游汇流演进，将对粤港澳大湾区等重点区域造成极大的冲击。面对来势汹汹的洪水，珠江委会同广西壮族自治区水利厅，联合调度西江干支流"五大兵团"24座水库全力拦洪、及时错峰、精准削峰，有效减轻了西江干流中下游防洪压力，将西江洪水洪峰出现时间推后38小时，避免西江洪峰、北江洪峰恶劣遭遇，为北江洪水宣泄入海创造了有利条件，大大减轻了珠江三角洲防洪压力。

流域统一调度，实现北江防洪工程首次集团联合作战。面对北江超100年一遇特大洪水，珠江委会同广东省水利厅科学研究制定北江水工程联合调度方案，首次运用北江防洪工程体系联合作战，迎战北江防洪工程体系建成后的最大洪水。通过调度乐昌峡、南水、锦江、锦潭等水库全力拦洪，调度飞来峡水利枢纽精准削峰，启用潖江蓄滞洪区，运用芦苞闸与西南闸分洪，一系列调度"组合拳"，成功将北江洪水量级压减至北江大堤安全泄量之内，确保了北江大堤安全，确保了珠江三角洲城市群安全。

流域统一调度，实现流域涉水行业综合效益最大化。在防御珠江"22.6"特大洪水过程中，在确保流域防洪安全的同时，珠江防总、珠江委统筹考虑供水、发电、生态、航运等需要，通过西江、北江联合调度，大大增加了干支流水库群发电水头和发电量，龙滩、岩滩、大化、乐滩、百龙滩及大藤峡、长洲水利枢纽增加发电量约10.48亿kW·h；流域骨干水库有效蓄水达120亿 m³，为枯水期流域供水、航运和生态用水储备了充足水源；同时，调度过程中加强与航运部门密切配合，及时通报信息，保障了通航安全，提高了船舶通航保证率。

六、发扬伟大抗洪精神，是战胜珠江"22.6"特大洪水的不竭动力

迎战洪水，各地区、各部门、各组织及广大人民群众风雨同舟，肩并肩、手牵手、心连心，自上而下努力，不断扩展专群结合的广度、强化协同防御的力度、凝聚抗洪强大合力，积极践行"万众一心、众志成城，不怕困难、顽强拼搏，坚韧不拔、敢于胜利"的伟大抗洪精神，凝聚起战胜珠江"22.6"特大洪水的磅礴力量。

协同作战、团结抗洪，形成保卫珠江的强大合力。珠江防总、珠江委强化统一指挥、统一调度，组织、协调流域各地"一盘棋"合力抗洪，进一步推动上下游同心、左右岸同力、干支流同济；广西、广东、福建等省（自治区）防指、水利部门顾全大局、服从调度、协同作战、握指成拳，电力及有关水库管理单位全力配合流域防洪统

一调度。各地区各级防指统筹组织各类抢险救援力量参与抢险救援，全力确保人民群众生命财产安全，自然资源、住房城乡建设、气象等部门发挥专业优势，武警消防官兵前置队伍力量，深扎一线开展救援抢险，社会各界力量积极参与抗洪抢险，为迎战珠江"22.6"特大洪水作出了突出贡献。危难之际，洪灾面前，全流域携手相助、共克时艰，广大人民群众化身"天使白""荧光绿""火焰蓝""志愿红"并肩作战。不管身着何衣，不管来自哪个地区、部门、组织，始终心往一处想，劲往一处使，党群同心，全力以赴，用实际行动为珠江安澜、岁月静好筑起防汛抗洪的坚固堤坝。

不忘初心、艰苦奋战，凝铸保卫珠江的精神伟力。在这场与"洪魔"较量的过程中，珠江防总、珠江委及广西、广东省（自治区）超过 50 万余名党员干部和群众日夜坚守在防汛抗洪一线，困难面前豁得出，关键时刻冲得上，到抢险最前沿、群众需要处，不间断投身摸排检查、转移群众、固堤防洪等各项工作，全力守护水库、大坝、河道、堤防的安全，确保受灾情影响的群众妥善安置，坚决扛起对国家和人民的责任。坚守防汛值班岗位的水利人，以及时的预警、精准的计算、精细的方案、清晰的图纸、准确的信息为一线防守人员提供坚实的后方保障。珠江委洪水防御团队连续坚守一个多月，坚持每日会商、关键时期加密会商，夜以继日地分析数据、滚动预报预警、拟定调度方案，团队成员连续数日未离开会商室，用一个个奋斗坚守的身影，谱写了珠江水利人的敬业诗篇。广大防汛工作者以每一趟涉水前行、每一次风雨兼程、每一晚挑灯夜战诠释了"召之即来、来之能战、战之必胜"的必胜决心，唱响了一曲"人民至上、生命至上"的英雄壮歌，为战胜这场特大洪水源源不断地注入精神力量。

第二节　工作思考

近年来，受全球气候变化和人类活动影响，水旱灾害的突发性、异常性、不确定性更为突出。流域性大洪水、局地极端强降雨、超强台风等极端天气事件增多，洪涝灾害防御面临新的风险和挑战。当前我国已经进入了全面建设社会主义现代化国家的新阶段，国际环境日趋复杂，不稳定性、不确定性明显增加，营造有利于经济社会发展的水安全环境、为流域人民群众提供水安全保障具有重大意义。同时，随着工业化、城镇化快速推进，社会财富越来越集聚，人口分布越来越集中，水旱灾害造成的生命财产损失和社会影响越来越大，人民群众对水旱灾害防御工作提出了新的更高的要求。

珠江洪水已退，但是洪水带给我们的思考并未停止，还需从珠江"22.6"特大洪水迎战过程看清楚我们为什么能够成功，弄清楚未来我们要怎样才能继续成功。

一、必须坚持心怀"国之大者"，自觉立足全面建设社会主义现代化国家全局

古人云，"圣人治世，其枢在水"。善治国者必重治水，善为国者必先治水。治水害、兴水利，历来是兴国安邦的大事。习近平总书记指出，水安全是涉及国家长治久安的大事，全党要大力增强水忧患意识、水危机意识，从全面建成小康社会、实现中华民族永续发展的战略高度，重视解决好水安全问题。做好珠江洪水防御工作，必须要心怀"国之大者"，自觉立足全面建设社会主义现代化国家全局，树立适应经济社会高质量发展的全局观念，站在党和国家事业发展全局的战略高度，深刻认识确保珠江安澜的重大意义，以更广的视野、更多的维度、更大的格局理解、把握流域防洪工作面临的新形势、新要求，从讲政治的高度做好新阶段洪水防御工作。

珠江流域特别是中下游地区，是我国经济社会发达地区，尤其是粤港澳大湾区城市密集、人口集聚、产业集中，一旦遭受流域性大洪水，如应对不当或稍有疏忽，将给经济和社会带来严重的影响，造成很大的损失，越来越淹不起、淹不得，防洪保安全任务十分艰巨。确保珠江流域防洪安全，关系粤港澳大湾区等国家战略实施，关系中国社会主义现代化建设，关系中华民族伟大复兴，就是"国之大者"。流域防汛涉及上下游、左右岸、干支流，省际间、行业间相互交织，相互影响。流域各地区、各部门做好珠江洪水防御工作要心怀"国之大者"，就要站在全局和战略的高度想问题、办事情，从流域全局出发，多打大算盘、算大账，少打小算盘、算小账，坚持局部服从全局、自觉为大局担当，不能为了局部利益损害全局利益。同时，立足岗位职责，守土有责、守土负责、守土尽责，把地区和部门的工作融入流域防汛全局，做到既为区域争光、更为流域全局添彩。

二、必须坚持以人民为中心，始终把保障人民群众生命财产安全放在第一位

习近平总书记指出，为人民谋幸福，为民族谋复兴，这既是我们党领导现代化建设的出发点和落脚点，也是新发展理念的"根"和"魂"。当前我国社会主要矛盾已经转化为人民日益增长的美好生活需要和不平衡不充分发展之间的矛盾，人民群众对防洪保安提出了新的更高要求。因此，必须完整准确全面贯彻新发展理念对防灾减灾救灾工作提出的新要求，从政治高度认识和把握防灾减灾救灾工作，不断提高防灾减灾救灾能力和水平，防范化解灾害风险，给人民带来更多实实在在的安全感。

习近平总书记提出的"两个坚持、三个转变"防灾减灾救灾理念，正是紧紧围绕

以人民为中心的发展思想，是对我国长期防御各种自然灾害实践经验的深刻总结，是应对全面风险挑战的指导性原则和策略，是做好新时期防灾减灾救灾工作的总依据、总遵循。洪涝灾害涉及面广、受灾范围大，易造成重大灾害和重大人员伤亡，对人民群众生命安全造成严重威胁。做好珠江洪水防御工作，关系人民群众生命财产安全，事关百姓最大利益，必须坚持人民至上、生命至上，牢固树立以人民为中心的发展思想，始终把保障人民群众生命财产安全放在第一位。

习近平总书记考察安徽时用四个"没有"（没有发生重大人员伤亡事件，重要堤防没有出现损毁，国家重要基础设施没有受到冲击，经济社会发展重点工作没有受到影响）充分肯定了防汛救灾工作。习近平总书记的重要指示给了我们防汛工作明确的目标导向、结果导向，即防汛工作要锚定"人员不伤亡、水库不垮坝、重要堤防不决口、重要基础设施不受冲击"目标，防汛工作做得好不好就看防住没防住，要坚持防住为王，始终将确保人民生命安全作为评判防汛抗洪成效的根本标准。以此为防御目标和评判标准，统筹做好预报预警、水工程调度、工程巡查抢护等工作，要第一时间组织受威胁地区人员做好转移避险，做到应撤尽撤、应撤必撤、应撤早撤，确保人民群众生命安全。

三、必须坚持统筹发展和安全，树牢底线思维，时刻警惕流域洪涝灾害风险

习近平总书记指出，安全是发展的前提，发展是安全的保障。必须坚持统筹发展和安全，增强机遇意识和风险意识，有效防范化解各类风险挑战，确保社会主义现代化事业顺利推进。习近平总书记的重要论述，对于我们准确把握新发展阶段的新特征新要求、防范化解各类影响现代化进程的风险挑战具有重大指导意义。做好洪水防御工作，关系人民群众生命财产安全，关系经济社会大局稳定。我们必须坚持底线思维，增强忧患意识，始终绷紧"防大汛、抗大洪、抢大险、救大灾"这根弦，立足最不利、最复杂的情况，防范应对洪水灾害领域的"黑天鹅""灰犀牛"事件，有效防范化解洪水风险。

面对2022年珠江多次编号洪水和北江超百年一遇特大洪水，珠江防总、珠江委与广东、广西、福建等省（自治区）有关部门密切配合、协同作战、科学调度，取得了洪水防御工作全面胜利，确保了人民群众生命财产安全，保障了西江、北江沿线及珠江三角洲城市群安全，为保持平稳健康的经济环境、国泰民安的社会环境提供了坚实的水安全保障。

在取得成绩的同时，必须清晰认识到，当前珠江流域洪涝灾害防御尚存诸多风险，发生流域性大洪水仍有可能造成重大灾害；中小水库，尤其是病险水库失事风险较大；山洪灾害风险长期存在，且最易造成人员伤亡；水旱灾害的突发性、异常

性、不确定性更为突出。珠江流域一年之内连续遭遇 60 年来最严重干旱和超百年一遇特大洪水，2021 年河南郑州"7·20"暴雨打破大陆小时降雨量的历史极值，黄河中下游发生历史罕见秋汛。事实证明，极端天气事件愈加多发频发，无论哪条江河，都有可能发生超标准洪水；无论哪个区域，都有可能遭遇严重干旱。我们必须要保持高度警觉，时刻警惕防洪工作面临的新的风险，坚持以防为主、防住为王，下好先手棋，打好主动仗，把困难估计得更充分一些，把风险思考得更深入一些，把措施制定得更具体一些，积极主动防范化解水旱灾害重大风险，以坚固的水安全防线为经济社会高质量发展保驾护航。

四、必须坚持问题导向，补短板强弱项，不断提高洪水防御能力

党中央、国务院高度重视珠江流域防汛工作，近年来，先后建成了龙滩、百色、老口、落久等重要防洪工程，大藤峡等防洪控制性工程已开工建设并初步发挥作用，流域主要江河堤防标准也得到显著提高，基本建立了覆盖各防洪保护区的流域防洪工程体系；同时，通过修订完善珠江洪水调度方案预案体系，推进山洪灾害防治、防汛抗旱指挥系统等专项建设，完善了流域防洪非工程措施，防洪能力得到显著提高。

但防洪减灾工作还存在短板和薄弱环节，西、北江中下游，柳江，桂江等防洪体系尚不完善，龙滩（二期）、洋溪等控制性工程尚未实施，堤防工程达标率不高，主要江河河道行洪能力亟待提高，蓄滞洪区建设滞后，同时还面临着西江、北江下游洪水归槽、河床大规模不均匀下切、深槽迫岸等防洪风险。病险水库、中小河流、山洪灾害仍是突出的防洪风险隐患。防洪非工程措施还有不足，信息化水平不高。

构建完备的防灾减灾工程体系，是防范化解重大风险的必备条件，是抵御灾害的硬基础。做好珠江洪水防御工作必须坚持问题导向，遵循"全面规划、统筹兼顾、预防为主、综合治理、局部利益服从全局利益"的原则，不断完善防灾减灾工程体系，最大程度降低灾害风险，努力把灾害风险解决在未萌之时。全面分析流域防洪新形势，完善流域防洪规划，系统部署流域内水库、河道及堤防、蓄滞洪区建设，统筹安排洪水出路。按照流域防洪总体思路和布局，制定防洪、防潮、治涝工程总体方案。根据防洪工程总体布局，优化完善流域防洪措施，提出标准内洪水出路安排；分析流域洪潮遭遇，合理确定洪潮交汇区防洪（潮）措施；研究流域防洪与区域排涝协调性，优化泄洪排涝对策措施；研究干流与支流、流域与区域、上下游、左右岸防洪标准协调关系，提出中小河流防洪治理思路、重点山洪沟治理和山洪灾害防御措施。在加强防洪工程建设的基础上，强化各类专业技术队伍建设，优化人才结构，提升自主创新能力，为破解重大防洪减灾科技问题提供支撑。

五、必须坚持系统观念，强化统一调度，充分发挥流域防洪工程体系作用

国家防总副总指挥、水利部部长李国英指出，流域性是江河湖泊最根本、最鲜明的特性。坚持系统观念治水，关键是要以流域为单元，用系统思维统筹水的全过程治理，强化流域治理管理。流域管理机构是江河湖泊的"代言人"，要更好地发挥流域管理机构在流域治理管理中的主力军作用。

珠江流域（片）地跨我国云南、贵州、广西、广东、湖南、江西、福建、海南8省（自治区）及香港、澳门特别行政区。珠江流域主要防洪保护对象粤港澳大湾区城市群及梧州、广州等重点防洪城市位于流域下游，主要防洪控制性工程多位于流域中上游，而且，洪水是以流域为单元产流、汇流、演进。因此，珠江防洪必须要立足于流域全局，按照洪水发生和演进规律，以流域为单元，综合分析洪水行进路径、洪峰、洪量、过程，系统考虑上下游、左右岸、干支流的来水、泄水、蓄水、分水，全面考虑不同防洪保护对象的实际需求，精细落实预报、预警、预演、预案措施，研判各类水工程的运用次序、运用时机和运用规模，科学精细实施水工程联合调度，以系统性调度应对流域性洪水。要做到依法、科学、精细统一调度流域水工程，通过落实流域防洪统一调度，充分发挥工程体系整体防洪效益，全力确保流域、重点区域和重要基础设施防洪安全。

同时，需从水工程调度机制、信息共享机制、调度基础技术研究与方案预案体系等方面进一步增强调度的系统性。首先，要按照"局部服从整体"的原则，做好流域水库调度管理的顶层设计，拓展水库群联合调度的广度和深度，构建以流域统一调度为核心、各级水行政管理部门分级管理、涵盖流域干支流控制性工程的调度指挥体系；加强水利、气象、电网、航运、水库管理单位间的沟通和协调，构建"政府主导、行业协同、企业参与"的水库群联合调度工作机制。其次，要进一步推进涵盖雨情、水情、工情信息和监测预报成果、水库调度信息的流域调度信息共享平台建设，继续推进珠江流域水情信息共享平台建设，加强汛期防洪会商系统的建设力度，推动数字孪生珠江、数字孪生工程、珠江流域水工程防灾联合调度系统等重点信息化项目，实现流域水库群联合调度信息共享。最后，要持续推进水工程联合调度技术研究，要细化完善江河洪水调度方案、流域区域水工程联合调度方案、重要工程度汛预案，进一步完善超标洪水防御预案，科学合理安排超标洪水出路，提高方案的指导性和可操作性。

六、必须坚持"预"字当先、关口前移，构建具有预报、预警、预演、预案功能的数字孪生流域

在珠江"22.6"特大洪水防御中，各级防汛部门，坚持"预"字当先，"实"字

217

托底，强化"预报、预警、预演、预案"措施，充分运用具有预报、预警、预演、预案功能的珠江水旱灾害防御"四预"平台，实时监控流域"四情"（雨情、水情、灾情、险情）信息，加密监测预报预警，围绕"降雨—产流—汇流—演进"链条，精准监测和滚动预报。根据不同预见期的来水预报成果和流域防汛形势，基于"四预"平台的流域防洪数字化场景，逐流域、逐区域、逐河段动态预演不同调度方案，围绕"总量—洪峰—过程—调度"链条，在大洪水开始阶段，从洪峰、洪量、出峰时间等方面充分考虑预报的不确定性，要宁信其有，宁信其大，做细做实各项防御措施；在洪水发展过程中，结合中长期预报和短期预报，滚动优化调度方式，精准研判调度时机和控泄流量，用好有限的防洪库容。通过"四预"平台把防洪调度方案预演结果与超标准洪水防御预案、水工程运用方案预案等关联，进一步解构防汛目标和重点，按照"流域—干流—支流—断面"明确风险隐患，落实落细洪水防御对策，从"技术—料物—队伍—组织"方面给予科学精准指导，超前做出有针对性的部署，最大限度地做到有备无患，有力保障了人民群众生命。但是，流域"四预"平台建设仍处于先行先试阶段，后续需要不断更新完善，"四预"能力也仍有待提升。

　　预防工作做得充分，抢险救援的工作量就会大大减轻；淡化预防工作，抢险救援就会付出百倍的代价。做好珠江洪水防御工作，要针对灾害发生的不确定因素和防灾减灾工程薄弱环节，超前做出有针对性的部署，从思想、责任、组织、队伍等方面做好充分准备，在灾害防御的预警、预报、预演、预案上大做文章，做大文章，以超前的情报、预报，精准的数字模拟，科学的调度指挥，坚决守住灾害防御底线。要以水利部推动的智慧水利建设为契机，加快以保障粤港澳大湾区水安全为重点的数字孪生流域、智慧珠江工程建设，提升流域与区域数字化、智能化水平，为流域统一调度决策提供支撑。在预报上，加强与气象部门的联合会商，完善预报方案模型，加强全球气候变化对流域雨水情影响研究，开展基于气候变化下的珠江流域水文预报关键技术研究，进一步提升预报精度、延长预见期，为防范应对工作留足"预"的时间；在预警上，增强预警信息的针对性和有效性，完善预警发布机制，确保降雨、洪水、山洪、台风等预警信息能够直达一线，确保预警信息"报得出、听得进、知风险、能避险"，充分发挥预警作用；在预演上，下大功夫建设数字流域，提升数字化、网络化、智能化水平，大力推进数字孪生珠江建设，构建具有"预报、预警、预演、预案"功能的数字孪生流域；在预案上，及时修订完善超标洪水防御预案和水库联合调度方案等方案预案体系，提高预案的针对性和可操作性，切实提高防洪调度决策支撑水平。同时，按照"需求牵引、应用至上、数字赋能、提升能力"总体要求，以数字化场景、智慧化模拟、精准化决策为路径，以网络安全为底线，进一步完善珠江流域数字孪生平台，基本实现与物理流域的同步仿真运行、虚实交互、迭代优化，通过数字孪生流域建设，为"四预"平台提供有效的"算据"、智能的"算法"服务，安全可靠、高承载的"算力"，提升流域防洪"四预"能力。

七、必须坚持弘扬伟大抗洪精神，团结抗洪，构建流域防汛新格局

1998 年，我国遭遇历史罕见的特大洪涝灾害，在党中央坚强领导下，全党、全军和全国人民紧急行动，同洪水进行了惊心动魄的殊死搏斗。在这场抗洪抢险斗争中，我们不但战胜了洪水，也形成了"万众一心、众志成城，不怕困难、顽强拼搏，坚韧不拔、敢于胜利"的伟大抗洪精神，成为中国人民弥足珍贵的精神财富。抗洪精神充分体现了中国共产党以人民利益、国家利益、全局利益至上的大局意识；也生动诠释了党、政府和军队全心全意为人民服务的宗旨，也在历次同自然灾害的斗争中不断激励着我们，引领我们走向胜利。因此，我们要坚持弘扬伟大抗洪精神，为珠江防汛事业注入绵延不绝的精神动力。

防汛救灾工作影响范围广、协调难度大，只有坚持统一指挥、协同配合，加强部门间的协调联动，广大发动群众和社会力量参与自救和救助，才能汇集各方防汛力量，形成流域防汛抗洪合力。一方面，要发挥防灾减灾救灾体制改革优势，加强统筹协调，发挥各自专业优势，确保"防"与"救"无缝衔接，加强协调联动协同配合，形成省市间、部门间、军地间、上下游、左右岸通力协作的防汛救灾格局。流域防总、流域管理机构充分发挥强化组织协调指导作用，统筹调度流域内重要水工程。根据洪水影响情况，及时向流域各省（自治区）、各有关行业提出洪水防御意见和建议，指导有关各方开展防御工作。流域各地要牢固树立流域防洪一盘棋思想，统筹协作，顾全大局，确保流域管理与区域管理协同作战，高效指挥，上下游同心、左右岸同力、干支流同济，形成洪水防御最大合力。另一方面，要广泛开展社会动员，最大限度调动人民群众警觉性和积极性，筑牢安全防护网。要完善社会各界参与防汛救灾工作的机制和措施，规范引导各方力量有序参与防汛救灾工作。要运用多种渠道开展科普宣传，提升公众避灾意识及自救能力。基于洪涝风险图，利用网络媒体、科普教育基地等平台，线上线下向社会普及洪水风险源及避险常识。加强公众的洪水灾害应急避险培训，提高群众的防灾减灾意识。科学指导群众学会正确的自保方式，互助能力和理智行为能力，增强洪水灾害状况下群众的自救能力。